市政设施养护与维修

主 编 杨 粤 徐炳进

中国建材工业出版社

图书在版编目(CIP)数据

市政设施养护与维修/杨粤，徐炳进主编．--北京：
中国建材工业出版社，2017.10
ISBN 978-7-5160-2030-2

Ⅰ.①市… Ⅱ.①杨… ②徐… Ⅲ.①市政工程—保
养②市政工程—维修 Ⅳ.①TU99

中国版本图书馆 CIP 数据核字（2017）第 231121 号

内 容 简 介

本书共分五章，包括市政设施管理概述、市政道路养护与维修、市政排水管道养护与维修、市政桥梁养护与维修、市政设施维修的工法。每章节的内容包括相应市政设施养护的目标与内容，检测、评价方法，常见病害与治理方法等。

本教材具有实用性强、事例丰富、实践性突出、通俗易懂等特点，适合广大职业类院校学生及工程施工人员使用。

市政设施养护与维修

主编 杨 粤 徐炳进

出版发行：中国建材工业出版社
地 址：北京市海淀区三里河路 1 号
邮 编：100044
经 销：全国各地新华书店
印 刷：北京鑫正大印刷有限公司
开 本：787mm×1092mm 1/16
印 张：8.25
字 数：200 千字
版 次：2017 年 10 月第 1 版
印 次：2017 年 10 月第 1 次
定 价：35.00 元

本社网址：www.jccbs.com 微信公众号：zgjcgycbs

著作责任者简介

　　杨粤，1973 年生，高级工程师，广州城市职业学院客座教授，广东创粤建设有限公司副总经理，广东省非开挖技术协会副秘书长。华南理工大学工程硕士。

　　编者长期从事市政道路、排水、桥梁工程的设计、施工与养护工作，对管道工程技术有研究。参与编写完成广东省标准《顶管技术规程》，广东省地方标准《城镇公共排水管道非开挖修复技术规程》。

目　　录

第1章 市政设施管理概述

1.1 市政设施的概念

市政设施，又称市政公用设施，是为城市居民和单位、企业的生活、生产提供基本条件、保障城市存在和发展的各种设施、工程及其服务的总称。

广义的市政设施包括下列种类：

（1）城市道路及其设施：城市机动车道、非机动车道、人行道、公共停车场、广场、管线走廊和安全通道、路肩、护栏、街路标牌、道路建设及道路绿化控制的用地及道路的其他附属设施。

（2）城市桥涵及其设施：城市桥梁、隧道、涵洞、立交桥、过街人行桥、地下通道及其他附属设施。

（3）城市排水设施：城市雨水管道、污水管道、雨水污水合流管道、排水河道及沟渠、泵站、污水处理厂及其他附属设施。

（4）城市防洪设施：城市防洪堤岸、河坝、防洪墙、排涝泵站、排洪道及其他附属设施。

（5）城市道路照明设施：城市道路、桥梁、地下通道、广场、公共绿地、景点等处的照明设施。

（6）城市建设公用设施：城市供水、供气（煤气、天然气、石油液化气）、集中供热的管网、城市公共交通的供电线路及其他附属设施。

1.2 市政设施的特征

1. 市政设施具有生产性

市政设施具有生产性，指的是市政设施是第二、三产业的组成部分，它们和第二、三产业其他的部门和企业一样，其建设和运营的性质是生产活动，即是一个投入产出的过程，据此实现资金的良性循环。

市政设施的生产性，决定了必须有偿使用市政设施。可是，市政设施又具有公益性，这使市政设施又不同于一般的第一、二、三产业，后者完全通过市场实现产出，补偿投入；而市政设施实现投入产出补偿的途径有三类：市场补偿、财政补偿、市场与财政复合补偿。

（1）市场补偿：市政设施中完全通过市场实现投入产出补偿的部门不多，比较典型的例子是属于集体所有制和个体所有制的出租汽车，政府的财政对它们不投入，它们完全靠市场实现投入产出的循环。

（2）财政补偿：有一部分的市政设施依靠财政补偿实现投入产出的循环，即它们无偿向企业和居民提供产品和服务，同时依靠财政拨款来维持自身生产和人员的费用。属于这部分市政设施的有城市道路、排水、路灯、交通设施、公共绿地、环境保持、部分防灾设施以及广播等。

（3）市场与财政复合补偿：绝大多数的市政设施通过市场与财政复合补偿来实现投入产出的循环，但是，它们之间在市场补偿与财政补偿的比例方面，有很大的不同。凡是能较大程度运用市场机制的市政设施，就以市场补偿为主，财政补偿为辅，如大部分的能源设施、供水设施和邮电通信设施；凡是只能以市场机制作为补充补偿方式的市政设施，就以财政补偿为主，市场补偿为辅，如公园、消防、垃圾的收集和处理等。

2. 市政设施具有公益性，决定了它的管理部门或产权单位必须把社会效益放在第一位，同时兼顾经济效益。

市政设施具有公益性，指的是每个单位的生产、每个居民的生活都离不开市政设施；为生产和生活服务是市政设施管理部门和企业的宗旨；市政设施的部门和企业应把社会效益放在第一位。

市政设施具有公益性又称之为市政设施的公共性。公共性是其服务性的基础，市政设施为每个单位、每个居民提供服务，没有排他性和歧视性。市政设施所具有的公共性和服务性，决定了它的管理部门必须把社会效益放在第一位。

市政设施所具有的公益性，导致市政设施中的大部分由隶属于政府的部门和企业提供产品和服务；小部分由集体所有制、个体所有制或私营经济的单位提供的产品和服务，也受到政府严格的管制。这使提供和管制市政设施的产品和服务，成为城市政府的一项传统职能。即使在西方国家，市政设施中政府所拥有的比重也比较高。这是因为市政设施的企业微利、无利或亏损经营，私人企业不愿介入；或因具有垄断性，政府限制私人企业进入市政设施领域；或因为投资数额大，收回投资的周期长，影响了私人投资的积极性。

市政设施具有公益性，所以不能像一般企业那样，主要以赢利为目标。而只能以微利、保本或亏损但有利于社会效益为目标。国家不应把市政设施部门作为主要的税源。市政设施部门所提供的产品和服务的价格也不宜太高。

市政设施的管理部门或企业在把社会效益放在首位的前提下，必须兼顾经济效益。这不仅是为了减轻财政负担，而且是搞好市政设施的企业管理的内在要求。物质利益原则是所有企业管理的基础，要把企业的经济效益指标，层层分解为每个车间、班组和职工的指标，与每个职工的收入挂钩。对不同的市政设施的部门和企业，经济效益水平的指标可以有所不同。

3. 市政设施具有承载性，决定了它必须与城市的产业规模和人口规模相适应。

市政设施具有承载性，指的是由于市政设施是为城市的生产和生活服务的，而市政设施又是由物质设备及其服务所构成的，因此，市政设施与城市的产业规模和人口规模之间，存在着比例关系。

市政设施的承载性，既要考虑生产和生活对市政设施的需求量，也要考虑市政设施的负荷能力。要使市政设施适应城市的生产和生活，可以从两方面努力：通过运用科学技术，提高市政设施的负荷能力；通过增加投资建设，扩大市政设施量。

在实际工作中，尊重市政设施的承载性，一要在城市的规划和布局时，从用地、空间和配套设施等方面，为市政设施今后适应生产和生活的发展，留出应有的余地；二要使市政设施的建设，适当地超前于、至少同步于城市的生产和生活的建设。

4. 市政设施具有垄断性，决定了它必须在市场经济的条件下，保持必要的竞争。

市政设施的垄断性，指的是由于市政设施具有公益性和规模经济效益，在市政设施的每个领域，城市政府只允许少数几家企业进入，开展必要的竞争。

市政设施与城市其他产业的一个重要区别是：在城市其他产业的各个领域，较多的企业可以自主决定是否进入该领域经营，而且主要由市场来决定哪些企业应该退出这个领域；而在市政设施的各个领域，由市政府在参考企业的市场竞争能力的基础上，依靠行政手段，来决定哪些企业进入或退出某个领域。

这种区别导致市政府强化了对市政设施的经营和管理实行管制的必要性。

实践证明，政府对企业的管制，只靠行政手段，是管不好的，而且会引起不少弊病，主要还得依靠市场的力量。在市政府对市政设施的管理中，根本性的机制是在市政设施的每个领域，保持少数几家企业开展必要的竞争。在此基础上，强化对市政设施部门和企业的执法管制。

5. 市政设施具有超前性，决定了在建设的时间和空间上，必须处理好它与生产设施、生活设施的关系。

市政设施具有超前性，从建设的时间上看，指的是根据"先地下，后地上"的原则，市政设施比生产设施和生活设施提前进行建设，从而使市政设施与生产设施或生活设施同时交付使用；从建设的空间上看，指的是市政设施的建设应该留有余地，以适应今后产业规模和人口规模的发展。

从建设的时间上看，一个生产建设项目或生活建设项目在建成时，必须做到市政设施与生产设施或生活设施同时交付使用，这是市政设施所具有的同步性。但是，市政设施的建设与生产设施或生活设施的建设相比较，具有施工周期长、大部分在地下作业等特点，所以，市政设施必须超前于生产设施或生活设施进行建设。做到超前性，是为了实现同步性。

6. 市政设施具有系统性，决定了必须保持其各部门之间的比例关系。

市政设施具有系统性，指的是它们的各部门以及一个部门内部各方面，在为生产和生活服务时，相互之间存在着依存性，必须相互协作，才能最大限度地发挥它们的综合效能。为此，在建设时，应该保持市政设施各部门以及一个部门内部各方面之间的比例关系；在运营时，应该通过经济的、规章的和教育的手段，促使员工主动与别的部门和单位协作。

市政设施的各部门之间相互依存，表现在生产自来水、煤气等要用电力；市政设施各部门的生产都需要交通运输；各种管线的施工宜与修建道路同时进行；治理环境污染能够改善水质；园林绿化依赖用水；消防、防汛等设施保障各部门的安全等。市政设施的一个部门内部各方面之间的相互依存，表现在排水设施的规模与供水规模相联系；城市的对内交通与对外交通相衔接；特大城市建设地铁，可以减轻公交汽车的压力；车辆的增加和车速受到道路面积的制约；园林绿化有助于城市的环境保护等。

7. 效益的综合性。

市政设施的投资效果表现为服务对象效益的提高，它不仅产生经济效益，而且产生社会效益和生态效益。

1.3 市政设施的作用

1. 市政设施是社会生产不可缺少的外部条件

社会的第一、二、三产业，包括属于第三产业的党政机关的产业活动，都离不开市政设施的作用。首先，市政设施为各单位提供能源；其次，市政设施为各单位提供水资源；再次，市政设施为各单位提供交通运输条件；又次，市政设施为各单位提供通信条件等。

2. 市政设施是市民生活的基本条件

市政设施是市民维持基本生活水平的必要条件，如果没有水、电、煤气等的供应，市民要想维持基本的生活水平是难以想象的；市政设施又为市民提供生活水平创造条件，地铁、电脑联网和电视等，使市民享受现代生活的乐趣。生活水平越高，市民对市政设施的依赖性越强。

3. 市政设施为生产和生活提供一个减少污染的环境

今天的城市，一方面生产和生活日益现代化，另一方面面临着环境污染的严重威胁。环境污染增加生产的成本，损害市民的健康。城市的环保设施等是环境污染的屏障，生产和生活的卫士。

4. 市政设施避免和减轻各种灾害对生产和生活的危害

我国地域辽阔，自然环境复杂，每年各地城市都遭受洪水、台风、风沙和暴风雪等自然灾害的袭击。城市的各种防灾设施在抵御和减少各种灾害给城市生产和生活带来的损失方面，发挥着巨大的作用。

5. 市政设施是城市存在和发展的物质基础

新建或扩大一个城市，总是市政设施先行；市政设施是生产设施和生活设施发挥作用的前提。由此可见，市政设施是城市存在和发展的物质基础。而且，市政设施现代化是城市现代化的主要标志。一个城市的市政设施容量大，现代化程度高，预示着它有很大的发展潜力。

6. 为发挥城市的辐射能力提供物质保障

城市辐射力的强化在于增强城市本身的经济实力和综合服务能力，市政设施服务则是城市综合服务能力的重要组成部分。市政设施越是良好完备，城市的中心作用越是得到充分发挥，城市的辐射力就会越强大。市政设施作为发挥城市辐射力的物质基础的作用，是其他设施不可替代的。

1.4 市政设施管理

1.4.1 市政设施管理体制

1. 市政府及其职能部门的统一领导，是健全市政设施管理体制的根本保证。

目前，我国市政府对市政设施管理体制的统一领导，有两种模式。

第一种模式是在绝大多数城市，由市政府的城市建设委员会对市政设施管理体制实行统一领导。在这种模式下，城市规划管理局是城市建设委员会的下级机构；城市建设委员会协调解决制定和执行城市规划中发生在市政府各部门及其下级单位之间的矛盾；城市建设委员会统一领导城市规划和市政设施的管理工作。

第二种模式是在一部分大城市，市政府分别设置城市规划委员会和城市建设委员会，各自领导城市规划管理和市政设施管理。在这种模式下，城市规划管理局是城市规划委员会的下级机关；城市规划委员会协调解决制定和执行城市规划中发生在市政府各部门及其下级单位之间的矛盾；城市规划委员会规划和监督市政设施的建设；城市建设委员会领导市政设施的经营和管理。

2. 市政府其他有关部门的配合，以及区、县政府城市建设管理部门的分工协作，是健全市政设施管理体制的组织保障。

市政设施的管理，需要市政府的计划委员会、经贸委员会、农业委员会、科学技术委员会、国有资产管理委员会、财政局、审计局和公安局等部门的配合，应该用地方行政规章或其他行政规范，规定它们配合的职责和权限。市政设施可以分为市级和区、县级两种规模，区、县级市政设施的建设和管理，应该调动区、县政府城市建设管理部门的积极性，让它们根据法律和权限，自主管理。

3. 改革和依靠市政设施的企、事业单位的经营和管理，是健全市政设施管理体制的关键。

应该做到政企分开、政事分开，并根据市政设施市场化的不同程度，分别以微利、保本或适度亏损等为考核标准，确定市政设施的部门和单位实行企业化经营、事业性管理或其他的经营管理形式。

4. 吸收多种所有制经济投资和经营市政设施，是搞活市政设施管理体制的新途径。

市政设施是资本密集型产业，也是国民经济的重要命脉。无论从生产力还是从生产关系的角度，都应该坚持国有经济在市政设施中的主导地位。但是，市政设施的有些部门，或在发展的某些阶段，也适合集体经济，甚至个体和私营经济。

5. 人民城市人民建，是发展市政设施管理体制的源泉。

一是重大的市政设施建设项目，在制定建设方案前，组织群众讨论，集思广益；二是因市政设施建设拆迁住房，动员居民与政府合作；三是发动群众参加义务劳动，使市政设施建设工程降低成本，加快进度。

1.4.2　市政设施的经营

1. 市政设施的经营与管理的特点

市政设施的管理部门或企业与一般企业在经营管理上的区别，以及它们经营管理的难点是：由于市政设施具有公益性，它的部门和单位不能像一般的企业那样，以盈利为主要目标，而只能以社会效益为首要的目标，在此前提下，兼顾经济效益；虽然它们有生产性，受投入产出的经济规律制约，但其中多数的部门和单位通过市场与财政的复合补偿，来实现投入产出的资金循环。这种区别决定了市政设施的经营与管理，具有下列不同于一般企业经营与管理的特点：

（1）根据市政设施部门和单位在公益性同市场化程度上的区别，实行不同类型的经营管理模式。

少数完全靠市场补偿实现投入产出循环的部门和单位，如集体所有制、个体所有制和私人所有制的出租汽车单位，实行与一般企业一样的企业化经营管理。少数完全靠财政补偿实现投入产出循环的部门和单位，如路灯养护部门，实行全额拨款的事业单位管理。一部分主要靠市场补偿、次要靠财政补偿实现投入产出循环的部门和单位，如供电、公共交通等，基本上实行企业化的经营管理，同时财政给予适当的补贴。一部分主要靠财政补偿、次要靠市场补偿实现投入产出循环的部门和单位，如公园、消防站和广播电视等，实行差额拨款的事业单位管理。

（2）根据市政设施经营管理模式的不同，实行不同的定价制度。

实行完全的企业化经营管理的部门和单位，所提供的产品和服务的价格，在市场竞争中形成，但受城市政府的物价管理部门的监督。全额拨款的事业单位所提供的产品和服务的价格，由上级部门确定，并经物价部门批准。基本上实行企业化经营管理的部门和单位，所提供的产品和服务的价格，主要在市场竞争中形成，但受物价部门的指导。差额拨款的事业单位所提供的产品和服务的价格，主要由上级部门在参考市场竞争行情后确定，并经物价部门批准。如果扩大再生产的任务较重，价格可含微利；如果主要是维持再生产，价格可含成本；如果公益性较强，市场化程度较低，价格可允许适当的亏损。

（3）无论实行哪一种经营管理的模式，市政设施的管理部门或企业都要努力提高经济效益。

首先是适应社会主义市场经济体制、参与市场竞争的需要；其次是减轻财政负担的需要；再次是增加市政设施的管理部门或企业员工收入的需要。市政设施的管理部门或企业员工提高收入水平，不能靠涨价，只能靠提高产品和服务的质量，增加产品和服务的数量，以及降低产品和服务的成本来实现。实行企业化经营管理的部门和单位，可以运用一般企业的管理制度；实行事业性管理的部门和单位，也必须运用各种形式的经济责任制，把员工的收入与提高质量、增加数量和降低成本挂钩。

1.4.3　市政设施管理的内容

基本任务。按照国民经济计划和城市总体规划的要求，切实抓好现有市政设施的管理和养护维修，延长各种设施的使用时间；根据城市不同情况，有重点地加强城市供水排水工程，污水处理工程和交通道路的管理，制定健全具体的管理、养护、维修实施办法。

主要措施。制定市政设施的管理细则，规定相应的奖罚制度，建立相应的市政设施维修、养护、更新改造基金；市政设施建设贯彻"百年大计，质量第一"的方针，精心施工，严格验收；市政设施管理应有专业队伍，同时要提高市政工程管理人员的专业素质和责任感，保证市政设施建设有效地为城市建设和人民生活服务。

基本内容包括设施巡查、制定养护技术方案、制定养护计划、组织养护施工、建立养护档案等。

第2章　市政道路养护与维修

2.1　市政道路养护概述

市政道路是指城市范围内的道路，是城市组织生产、安排生活、搞活经济、物资流通所必需的车辆、行人交通往来的道路，是连接城市各个功能分区和对外交通的纽带。

根据城市道路在道路系统中的地位、交通功能和服务功能，城市道路分为快速路、主干道、次干道和支路四类。

2.1.1　市政道路养护的目的和工作内容

1. 道路设施应包括车行道、人行道、路基、停车场、广场、分隔带及其他附属设施。

养护的目的是及时修复市政道路及其附属设施的损坏部分，保证行车、行人安全、舒适、畅通。

2. 市政道路养护工作内容，包括市政道路设施的检测评定、养护工程和档案资料的存管。

2.1.2　市政道路养护施工分类

市政道路养护根据其工程性质、技术状况、工程规模、工程量等内容划分为保养小修、中修、大修和改扩建等四个工程类别。

1. 保养小修：为保持道路功能和设施完好所进行的日常保养，对路面轻微损坏的零星修补，其工程数量不宜大于 $400m^2$。

2. 中修工程：对一般性磨损和局部损坏进行定期的维修工程，以恢复道路原有技术状况，其工程数量宜大于 $400m^2$，但不超过 $8000m^2$。

3. 大修工程：对道路较大损坏进行的全面综合维修、加固，以恢复到原设计标准或进行局部改善以提高道路通行能力的工程。其工程数量宜大于 $8000m^2$，含基础施工的工程数量宜大于 $5000m^2$。

4. 改扩建工程：对道路及其设施不适应交通量及载重要求，而需要提高技术等级和通行能力的工程。

2.1.3　市政道路养护分级

1. 根据各类市政道路在城市中的重要性、将市政道路分为三个养护等级：

Ⅰ等养护的市政道路，包括快捷路、主干路、次干路和支路中的广场、商业繁华街道、重要生产区、外事活动及游览路线。

Ⅱ等养护的市政道路，包括次干路及支路中的商业街道、步行街、区间联络线、重点企事业所在地。

Ⅲ等养护的市政道路，包括支路、社区及工业区的连接主次干路的支路。

2. 在制定市政道路养护技术措施时，应遵循以下原则。

（1）认真开展路况调查，分析道路技术状况，针对病害产生的原因和后果，采取有效、先进、经济的技术措施。

（2）加强养护前期工作以及各种材料试验及施工质量检验，确保工程质量。

（3）推广路面、桥梁管理系统，逐步建立道路数据库，实行病害监控，实现决策科学化，使现有的资金发挥最大的经济效益。

（4）认真做好市政道路交通情况调查工作，积极开发、采用自动化观测和计算机处理技术，为道路规划、设计、养护、管理、科研及社会各方面提供全面、连续、可靠的交通情况信息资料。

（5）改革养护生产组织形式，管好、用好现有的养护机具设备，积极引进、改造、研制养护机械，逐步实现养护机械装备标准化、系列化，以保障养护工程质量，提高养护生产效率，降低劳动强度，改善劳动环境。

（6）加强对交通工程设施（包括标志、标线、通信、监控等）、收费设施、服务管理设施等的维护、更新工作，保障市政道路应有的服务水平。

2.1.4　市政道路养护的管理体系

市政道路养护的管理体系大体上设置以下管理机构进行分层管理：

市建委→市政工程管理局→市政工程管理处→养护工区→施工企业

以上海市市政工程管理局为例。上海市市政工程管理局是由上海市建设和管理委员会管理的，负责全市市政工程建设和管理的行政机构，其下设有上海市市政工程管理处、上海市公路管理处、上海市燃气管理处、上海市道路管线监察办公室、上海市贷款道路建设车辆通行费征收管理办公室、上海市公路养路费征收管理办公室和上海市市政工程质量监督站。

其中上海市市政工程管理处（上海市城市路政管理大队）是受市政工程管理局委托行使部分政府管理职能的行政性事业单位，主要承担对城市道路桥梁的建设规划、建设管理、养护维修、运行管理、路政管理，履行对行业的业务指导、专业管理等职能。

在政府机构大部制改革以后，广州市由市交通委员会对市政设施进行行业管理，城市区域的市政设施，由各行政区的建设主管部门负责具体养护施工，各区建设主管部门（建设局）下设维护管理所，负责具体管养作业。

2.2　市政道路的检测和评价

对使用中的市政道路必须按规定进行检测和评价，及时掌握道路的技术状况，并应采取相应的养护措施。

市政道路的检测应根据其内容和周期分为经常性巡查、定期检测和特殊检测，并应根据检测结果进行评价。

市政道路检测和评价的对象应包括沥青混凝土、水泥混凝土和砌块路面等类型的机动车道、非机动车道以及沥青类、水泥类和石材类等铺装类型的人行道。

市政道路的检测和评价工作应包括下列内容：

1. 记录道路当前状况；

2. 了解车辆和交通量的改变给设施运行带来的影响；

3. 跟踪结构与材料的使用性能变化；

4. 对道路检测结果进行评价；

5. 将评价结果提供给养护、设计部门。

2.2.1　经常性巡查

经常性巡查应由经过培训的专职道路管理人员或养护技术人员负责。巡查应对结构变化、道路施工作业情况、各种标志及其附属设施等状况进行检查；巡查宜以目测为主，并应填写市政道路巡查表；巡查应按道路类别、级别、养护等级分别制定巡查周期。

Ⅰ等养护的道路宜每日一巡，Ⅱ等养护的道路宜两日一巡，Ⅲ等养护的道路宜三日一巡。

经常性巡查记录应定期整理归档，并提出处理意见。巡查过程中发现设施明显损坏，影响车辆和行人安全，应及时采取相应养护措施，特殊情况可设专人看护，并填写设施损坏通知单。

1. 经常性巡查包括下列内容：

（1）路面及附属设施外观完好情况。

a. 沉陷、坑槽、拥包、车辙、松散、搓板、翻浆、错台、检查井框与路面高差、剥落、啃边、缺失、破损、淤塞等损坏。

b. 检查井环盖、雨水口完好情况；

c. 积水情况。

（2）路基沉陷、变形、破损等情况。

（3）检查在道路范围内的施工作业对道路设施的影响。

（4）其他损坏及不正常现象。

2. 在经常性巡查中，当发现道路沉陷、空洞或大于 100mm 的错台以及井盖、雨水口丢失等影响道路安全运营的情况时，应按应急预案处置，立即报告，设置围挡，并应在现场监视。

2.2.2　定期检测

1. 定期检测可分为常规检测和结构强度检测。常规检测应每年一次。结构强度检测，快速路、主干路宜 2～3 年一次，次干路、支路宜 3～4 年一次。

2. 常规检测应由专职道路养护技术人员负责。

3. 结构强度检测应由专业单位承担，并应由具有城镇道路养护、管理、设计、施工经验的技术人员参加。检测负责人应具有 5 年以上城镇道路专业工作经验。

4. 常规检测应符合下列规定：

（1）对照城镇道路资料卡的基本情况，现场校核城镇道路的基本数据，资料卡格式应符合《城镇道路养护技术规范》附录 B 中表 B—1 的规定；

（2）检测损坏情况，判断损坏原因，确定养护范围和方案；

（3）对难以判断损坏程度和原因的道路，提出进行特殊检测的建议。

5. 常规检测应包括下列内容：

（1）车行道、人行道、广场铺装的平整度；

（2）车行道、人行道、广场设施的病害与缺陷；

（3）基础损坏状况；

（4）附属设施损坏状况。

6. 结构强度检测应以路表回弹弯沉值表示。

7. 城镇快速路、主干路应进行路面抗滑性能检测，并以粗糙度表示，检测设备可选用锁轮拖车或摆式仪等。

8. 定期检测的评价单元应符合下列规定：

（1）道路每二个相邻交叉口之间的路段应作为一个单元，交叉口本身宜作为一个单元；当二个相邻交叉口之间的路段大于 500m 时，每 200～500m 作为一个单元，不足 200m 的按一个单元计。

（2）每条道路应选择若干个单元进行检测和评价，应以所选单元的使用性能的平均状况代表该条道路路面的使用性能。当一条道路中各单元的使用性能状况差异大于两个技术等级时，则应逐个单元进行检测和评价。

（3）历次检测和评价所选取的单元应保持相对固定。

9. 定期检测可采用下列仪器设备：

（1）平整度的检测宜采用激光平整度仪等检测设备；次干路、支路可采用平整度仪或 3m 直尺等常规检测设备。

（2）路面损坏的检测宜采用路况摄像仪等检测设备；次干路、支路可采用常规方法量测。

（3）路表回弹弯沉值采用落锤式弯沉仪、贝克曼梁等检测设备。

（4）路面粗糙度检测设备可选用锁轮拖车或摆式仪等。

10. 沥青路面、水泥混凝土路面和人行道路面的损坏类型应符合《城镇道路养护技术规范》附录 C 的规定，并应分别按附录 D 和附录 E 填写损坏单项扣分表和路面损坏调查表。

11. 根据定期检测的结果，按规范进行道路评价和定级。

12. 定期检测的情况记录、评价及对养护维修措施的建议，应及时整理、归档、上报。

2.2.3 特殊检测

1. 当出现下列情况之一时，应进行特殊检测：

（1）进行道路大修、改扩建时。

（2）道路发生不明原因的沉陷、开裂、冒水时。

（3）在道路下进行管涵顶进、降水作业、隧道开挖等工程施工期间。

（4）道路超过设计使用年限时。

2. 特殊检测部位和有关的要求与定期检查相同。

3. 特殊检测应包括下列内容：

（1）收集道路的设计和竣工资料；历年养护、检测评价资料；材料和特殊工艺技术、交通量统计资料等。

（2）检测道路结构强度。

（3）调查道路沉陷原因，检测道路空洞等。

（4）对道路结构整体性能、功能状况进行评价。

2.3　市政道路维修

2.3.1　路面状况的调查与评定

1. 路面状况调查方法

（1）城镇道路养护状况调查内容应包括车行道、人行道（含路缘石）、路基、排水设施、其他设施的破损状况，调查可采用全面或抽样调查方式，大城市较大规模调查工作宜采用先进仪器设备快速检查，其他可采用人工调查方法。

（2）城镇道路养护状况调查数据采集应由城镇道路养护管理机构组织进行，也可委托专门检测机构进行。参与数据采集人员应熟悉路面病害类型区分，界定各类病害，准确丈量损坏面积。不规则形状的损坏面积应按当量面积计算。

2. 沥青路面病害与缺陷的界定

沥青路面常见的病害有坑槽、松散、拥包、翻浆、沉陷、脱皮、啃边、泛油、车辙、龟裂、网裂、波浪（搓板）、横坡不适、平整度差。

（1）坑槽：路面破坏成坑洼深度大 20mm，面积在 $0.04m^2$ 以上，如小面积坑槽较多又相距 0.2m 以内，应合在一起丈量。此项包括井框高差。

（2）松散：路面结合料失去黏结力、集料松动，面积在 $0.1m^2$ 以上。

（3）拥包：路面局部隆起，坡峰坡谷高差在 15mm 以上。

（4）翻浆：路面、路基湿软出现弹簧、破裂、冒泥浆现象。

（5）沉陷：路面、路基有竖向变形，路面下凹，深度 30mm 以上。

（6）脱皮：路面面层层状脱落，面积 $0.1m^2$ 以上。

（7）啃边：路面边缘破碎脱落，宽度 0.1m 以上，数量按单侧长度累加乘以平均宽度。

（8）泛油：高温季节沥青被挤出，表面形成薄油层，行车出现轮迹。

（9）车辙：路面上沿行车轮迹产生的纵向带状凹槽，深度 15mm 以上，面积按实有长度乘以 0.4m 计。

（10）龟裂：缝宽 3mm 以上，且多数缝距 100mm 以内，面积在 $1m^2$ 以上的块状不规则裂缝。

（11）网裂：缝宽 1mm 以上或缝距 0.4m 以下，面积在 $1m^2$ 以上的网状裂纹。路面上出现的长度 lm 以上、缝宽 lmm 以上的单条裂缝或深度在 5mm 以上的划痕也应纳入网裂病害中，其数量按单缝累计长度乘以 0.2m 计。

（12）波浪（搓板）：路面纵向产生连续起伏，其峰谷高差大于 15mm 的变形。

（13）横坡不适：路面横坡小于 1‰或大于 3‰，或中线偏移以及应设超高而无超高或出现反超高的。

（14）平整度差：用 3m 直尺沿路而纵向每 100m 至少量 3 尺。尺底间隙：沥青表面处治路面 12mm 以上，沥青贯入式路面 10mm 以上，沥青混凝土及沥青碎石路面 8mm 以上的，按整尺（3m）长度计算病害。也可采用连续式平整度仪检测的均方差值与规定标准值比较，大于标准值按病害计。同一横断面内，只计最严重的一处。

3. 水泥混凝土路面病害与缺陷的界定

水泥混凝土路面的常见病害有沉陷、严重破碎板、坑洞、板角断裂、露石、拱胀、平整度差、错台、唧泥、裂缝、接缝养护差。

（1）沉陷：路面连续数块板下沉，低于相邻路面板平面（或设计高程），深度在 30mm 以上的，按全部下沉板块数量计算面积。

（2）严重破碎板：裂缝将整块面板分割开，并有严重剥落或沉陷。碎裂面积小于半块按半块计，大于半块按一块计。

（3）坑洞：路面板粗集料脱落形成局部凹坑，面积在 $0.01m^2$ 以上。

（4）板角断裂：裂缝与纵横缝相交，将板角切断，当其 2 个交点距角隅均大于 150mm，有沉陷或碎裂时，按板角断裂部分计算面积。

（5）露石：路面板表面细集料散失、粗集料暴露，面积在 $1m^2$ 以上的。

（6）拱胀：纵向相邻两块板或多块板相对其邻近板向上突起在 30mm 以上的，按突出的全部板块计算病害面积。

（7）平整度差：用 3m 直尺沿路面纵向每 100m 至少量 3 尺，尺底空隙在 8mm 以上的，按整尺（3m）长度计算病害。也可采用连续式平整度仪检测的均方差值与规定标准值比较，大于标准值按病害计。同一横断面内，只计最严重一处。

（8）错台：接缝处相邻两块板垂直高度差在 8mm 以上，按其中不正常板块的全部长度计算病害。

（9）唧泥：基层材料形成泥浆从接缝处或板边缘挤出，板底出现脱空，按挤出泥浆的接缝或板边长度计算病害。

（10）裂缝：面板内长度 lm 以上的各种开裂。按其对行车的影响程度分为轻微、中等、严重裂缝三种。轻微裂缝缝宽度小于 2mm，无剥落；中等裂缝缝宽度 2～5mm，并有轻度剥落；严重裂缝缝宽度大于 5mm，并有严重剥落和沉陷。接缝边有长 0.5m、宽度 50mm 以上剥落时，也作为严重裂缝计算。

（11）接缝养护差：接缝内无填缝料，或出现填缝料与板边脱离、凹陷（凸出）在 10mm 以上的。

4. 人行道及其他构造物病害与缺陷的界定

（1）当人行道及广场、停车场等构造物面层铺装为沥青类或水泥混凝土类时，参照沥青或水泥混凝土路面病害界定处理。

（2）坑洞：人行道及其他构造物道面（含路缘石）的破损深度大于 20mm。

（3）错台：道面铺装接缝处相邻板垂直高差大于 6mm。

（4）拱起：多块板相对周围板向上突起，最大突起量在 30mm 以上。

（5）沉陷：道面铺装连续数块下沉低于相邻块（或设计高程）深度大于 20mm，面积在 $1m^2$ 以内的。

（6）缺失：道面铺装的预制块或路缘石缺损。

5. 城镇道路养护状况评定指标

城镇道路养护状况评定指标，由车行道完好率、人行道完好率、路基与排水设施完好程度评分和其他设施完好程度评分构成，评价指标体系如图 2-1 所示。

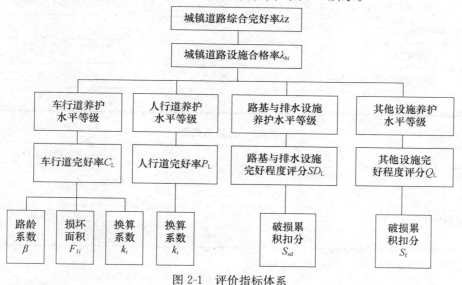

图 2-1　评价指标体系

（1）车行道完好率

$$C_L = \frac{F_l - \beta \sum F_{li} k_i}{F_l} \times 100\%$$ （2-1）

式中：C_L——车行道完好率（%）；

　　F_l——检查单元车行道总面积（m²）；

　　F_{li}——各类破损的实际面积，同一地点有两种以上病害时只记一次严重者（m²）；

　　k_i——路面各类破损换算系数，应符合表 2-1 的规定；

　　β——路龄系数，应符合表 2-2 的规定；

表 2-1　路面破损换算系数表（k_i）

破损类型	沥青路面	水泥混凝土路面
裂缝	0.5	3
碎裂（网、龟裂）	1	3
断裂	—	10
松散	1	—
脱皮、泛油、露骨	1	1
坑槽、啃边	3	3
井框高差	3	3
车辙	0.5	3
沉陷	3	3

破损类型	沥青路面	水泥混凝土路面
壅包	2	—
搓板（波浪）	2	—
翻浆	6	—
唧泥	6	6
缝料散失	—	2
错台	—	6

表 2-2　路龄系数表

路龄		路龄系数 β
设计年限内		1.0
超设计年限（年）	1～5	0.9
	6～10	0.8
	11～15	0.7

注：路龄为该路检查年与建成年的差值。

（2）人行道完好率

$$P_{\mathrm{L}} = \frac{F_2 - \sum F_{2i}}{F_2} \times 100\%\qquad(2-2)$$

式中：P_{L}——人行道完好率（%）；

F_2——检查单元人行道总面积（m^2）；

F_{2i}——各类破损的实际面积（m^2）。

（3）路基与排水设施完好程度评分

$$\mathrm{SD_L} = 100 - S_{sd}\qquad(2-3)$$

式中：$\mathrm{SD_L}$——路基与排水设施完好程度（分）；

S_{sd}——路基与排水设施破损累积扣分（分）；

（4）其他设施完好程度评分

$$Q_{\mathrm{L}} = 100 - S_f\qquad(2-4)$$

式中：Q_{L}——其他设施完好程度（分）；

S_f——其他设施破损累积扣分（分）。

6. 道路养护状况评定等级

市政道路的技术状况评价分为四级：A——优、B——良、C——合格、D——不合格。城镇道路养护状况评定等级按车行道、人行道、路基与排水、其他设施 4 类设施单元分别确定评定等级（表 2-3～表 2-7）。

各等级的单元数占总检查单元数的百分比为该类设施的合格率（λ_{bi}）。对每条城镇道路的 4 类设施合格率的加权平均值为该路养护状况综合完好率（λ_z）。

表 2-3　车行道养护状况评定等级标准

养护状况等级	完好率 C_L（%）			
	快速路	主干路	次干路	支路及其他
优	≥99	≥98.5	≥98	≥95
良	$98 \leqslant C_L < 99$	$97 \leqslant C_L < 98.5$	$96 \leqslant C_L < 98$	$90 \leqslant C_L < 95$
合格	$95 \leqslant C_L < 98$	$93 \leqslant C_L < 97$	$91 \leqslant C_L < 96$	$85 \leqslant C_L < 90$
不合格	<95	<93	<91	<85

表 2-4　人行道养护状况评定等级标准

养护状况等级	完好率 p_L（%）
优	≥98
良	$96 \leqslant P_L < 98$
合格	$91 \leqslant P_L < 96$
不合格	<91

表 2-5　路基与排水设施养护状况评定等级标准

养护状况等级	完好移度 SD_L（分）
优	≥90
良	$75 \leqslant SD_L < 90$
合格	$60 \leqslant SD_L < 75$
不合格	<60

表 2-6　其他设施养护状况评定等级标准

养护状况等级	完好移度 Q_L（分）
优	≥90
良	$75 \leqslant Q_L < 90$
合格	$60 \leqslant Q_L < 75$
不合格	<60

表 2-7　城镇道路养护状况综合评定等级

养护状况等级	完好率 λ_z（%）			
	快速路	主干路	次干路	支路及其他
优	≥95.5	≥95	≥94.5	≥94
良	$88.5 \leqslant \lambda_z < 95.5$	$88 \leqslant \lambda_z < 95$	$87.5 \leqslant \lambda_z < 94.5$	$85.5 \leqslant \lambda_z < 94$
合格	$80 \leqslant \lambda_z < 88.5$	$79 \leqslant \lambda_z < 88$	$78.5 \leqslant \lambda_z < 87.5$	$76.5 \leqslant \lambda_z < 85.5$
不合格	<80	<79	<78.5	<76.5

2.3.2　路基养护

　　路基是道路的重要组成部分，是路面的基础。它与路面共同承担车辆荷载，并把车辆荷载通过其本身传递到地基。路基的强度和稳定性直接影响路面的平整度，是保证路面稳定的基本条件。为了保证路基坚实和稳定、排水性能良好，使各部分尺寸和坡度符合规定，应加强路基养护，并采取有效措施进行修复和加固。

市政道路路基养护应包括路基结构、路肩、边坡、挡土墙、边沟、排水明沟、截水沟等。

1. 路基养护的工作内容

路基养护应通过日常巡视和定期检查发现病害，及时查明原因，采取有效措施进行修复或加固，消除病害根源，其作业范围应包括下列内容：

（1）维修、加固路肩和边坡。

（2）疏通、改善排水设施。

（3）维护、修理各种防护构造物。

（4）清除塌方、积雪，处理塌陷，检查险情，防治水毁。

（5）观察、预防和处理翻浆、滑坡、泥石流等病害。

（6）有计划、有针对性地对局部路基进行加宽、加高，改善急弯、陡坡等视距不良地段，使之逐步达到所要求的技术标准。

（7）为适应运输发展的需要，应对养护的路线逐步进行改善和加固，如改善路线的急弯和陡坡，加添挡土墙、护坡等结构物。

2. 路基养护的基本要求

为保证路基各部分完整，使路基发挥正常有效的作用，路基养护工作必须符合下列基本要求：

（1）路肩应无坑槽、沉陷、积水、堆积物，边缘应直顺平整。

（2）土质边坡应平整、坚实、稳定，坡度应符合设计规定。

（3）挡土墙及护坡应完好，泄水孔应畅通。

（4）边沟、明沟、截水沟等排水设施坡度应顺适，无杂草，排水应畅通。

（5）对翻浆路段应及时养护处理。

3. 路基常见病害

由于自重、行车荷载和水、温度等各种自然因素的作用，路基的各部分会产生可恢复的变形和不可恢复的变形。不可恢复的变形将引起路基标高和边坡坡度、形状的改变，甚至造成土体位移和路基横断面几何形状的改变，危及路基及其各部分的完整和稳定，形成路基的病害。

路基沉陷是指路基在垂直方向产生较大的沉落或不均匀下陷，将造成局部路段破坏，影响交通。

路基的沉陷有以下两种情况：

（1）路基的沉落

因填料选择不当，填筑方法不合理，压实不足，在荷载和水、温度综合作用下，堤身可能向下沉陷。

（2）地基的下陷

原地面为软弱土层，例如泥沼、流沙或垃圾堆积等，填筑前未经换土或压实，造成承载力不足，发生侧面剪切破坏，地基发生下沉，引起路堤堤身下陷（图 2-2）。

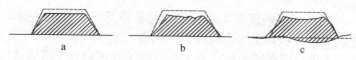

图 2-2　地基的沉陷

路基沉陷的防治方法：

（1）注意选用良好的填料，严禁用腐殖土或有草根的土块，应分层填筑、分层夯实，并及时排除流向路基的地面水或处理好地下水。

（2）填石路堤从上而下，应用由大到小的石块认真填筑，并用石渣或石屑填空隙。

（3）原地面为软弱土层时，路堤高度较低且可中断行车时，应挖除换上良好的填料，然后按原高度填平夯实；路堤高度较高且又不能中断行车时，可采用打砂桩、混凝土桩或松木桩的方法。

4. 路基翻浆的治理

潮湿地段的路基在冰冻过程中，土中的水分不断地向上移动聚集，引起路基冰胀。春天冰雪融化时，路基湿软，强度急剧降低，加上行车的作用，路面发生弹簧、鼓包、冒浆、车辙等现象，称为翻浆。

路基翻浆主要发生在季节性冰冻地区的春季，以及盐渍、沼泽、水网等地区。因地下水位高、排水不畅、路基土质不良、含水过多，经行车反复作用，路基会出现弹簧（弹软）、裂缝、冒泥浆等翻浆现象。

（1）路基翻浆的预防

对易发生翻浆的路段应加强预防性养护工作。雨季前，应检查整修路肩、边沟，修补路面碎裂和坑槽；雨季后应清疏排水设施，修理水毁边沟；冬季应及时清除路面积雪，填灌修补裂缝。

在日常养护中，应经常使路基表面平整坚实，无坑槽、辙、沟，路拱及路肩横坡度符合规定标准，路肩上无坑洼，无堆积物及边沟通畅不存水。及时扫除积雪，使路基顶面不存雪，防止雪水渗入路基。

路面出现潮湿斑点，发生龟裂、鼓包、车辙等现象，表明路基已发软，翻浆已开始，此时应对其长度、起讫时间及气温变化、表面特征等进行详细的调查分析，进行记录，确定其治理方案。

常采用以下养护措施防止翻浆加重：

a. 在路肩上开挖横沟，及时排除表面积水。横沟间距一般为 3～5m，宽度 30～40cm，沟深至路面基层以下，高于边沟沟底。横沟底面要做向外倾斜的坡，坡度 4‰～5‰。两边路肩的横沟要错开挖。

当开始出现翻浆的路段不太长时，也可在路面的边缘挖出两道纵向沟，宽 25cm，深度随路面厚度而定，然后再每隔 300～400m 挖一道横沟。

b. 及时修补路面坑槽和路肩坑洼，保持路面和路肩平整，以利尽快排除表面积水。

c. 如条件许可，应控制重型车辆通过，或使车辆绕道行驶。

d. 在交通量较小、重车通过不多的公路上，可用木料、树枝等做成柴排，铺于翻浆路段，再铺上碎石、砂土，维持通车。当翻浆停止，路基渐趋稳定时，应及时拆除临时设施，恢复路面原状。

e. 砂桩防治。当路基出现翻浆迹象时，可在行车带部位开挖渗水井，随时将渗水井内的水掏出，边掏水、边加深，直至冰冻层以下；当渗水基本停止，即可填入粗砂或碎（砾）石，形成砂桩。砂桩可做成圆形或矩形，其大小以施工方便和施工时维持行车为度。一般其直径（或边长）为 30～50cm，桩距和根数可根据翻浆的严重程度而定，一般一个砂桩的影响面积 5～10m²。

2.3.3 沥青路面常见病害

沥青路面是以道路石油沥青、煤沥青、液体石油沥青、乳化石油沥青、各种改性沥青等为结合料，黏结各种矿料修筑的路面结构。由于其面层使用沥青结合料，因而增加了矿料间的黏结力，提高了混合料的强度和稳定性，使路面的使用质量和耐久性都得到提高。与水泥混凝土路面相比，沥青路面具有表面平整、无接缝、行车舒适、耐磨、振动小、噪音低、施工期短、养护维修简便等优点，因而在目前高等级公路中占据相当大的比重。

由于沥青路面的强度和稳定性受气温、水分、路面材料性质等客观因素影响比较大，因此在养护工作中必须随时掌握路面的使用状况，加强日常保养及时修补各种破损，保持路面经常处于清洁、完好状态。

沥青路面的保养小修是指为保持道路功能和设施完好所进行的日常保养。对路面轻微损坏的零星修补，其工程数量不宜大于 400m²。

沥青路面应加强经常性、预防性的小修保养，对局部、轻微的初始破损必须及时进行修理。通常把清扫保洁，处理泛油、拥包、裂缝、松散等作为保养作业；修补坑槽、沉陷，处理波浪、啃边等病害作为小修作业。保养、小修是保持路面使用质量，延长路面使用周期的重要技术措施。

1. 沥青路面日常养护要求

（1）保持路面平整、横坡适度、线形顺直、路容整洁、排水良好。

（2）加强巡路检查，掌握路面情况，随时排除有损路面的各种因素，及时发现路面初期病害，研究分析病害产生的原因，并有针对性地及时对病害进行维修处理。

（3）禁止各种履带车和其他铁轮车直接在路上行驶。

（4）掌握技术资料，建立养护档案。

（5）根据各地不同季节的气候特点、水和温度变化规律，按照"预防为主、防治结合"的原则，结合本地区成功经验，针对不同季节病害根源，因地制宜，采取有效的技术措施，做好预防性季节性养护工作。

2. 沥青路面常见病害

（1）裂缝

沥青路面的裂缝，有横向裂缝、纵向裂缝、网状裂缝、反射裂缝等。

沥青路面形成裂缝的原因很多，可归结为以下几方面：

a. 沥青质量问题或指标不符合本地区的使用要求，沥青面层的温度收缩或疲劳应力（应变）大于沥青混合料的抗拉强度（应变）。

b. 底层或基层变形，导致面层开裂。

c. 施工过程中，接缝处理失当，压实度不足等原因。

（2）翻浆

基层的粉、细料浆水从面层裂缝或从多空隙率面层的空隙处析出，雨后路面呈现淡灰色。

造成该病害的原因有：

a. 基层用料不当，或拌和不匀、细集料过多。由于其水稳性差，遇水后软化，在行车作用下，浆水上冒。

b. 低温季节施工的半刚性基层，强度增长缓慢，而路面开放交通过早，在行车与雨水作用下使基层表面粉化，形成浆水。

c. 冰冻地区的基层，冬季水分积聚成冰，春天解冻时翻浆。

d. 沥青面层厚度较薄，空隙率较大，未设置下封层和没有采取结构层内排水措施，促使尚未达到应有密实雨水下渗，加速翻浆的形成。

e. 表面处治和贯入式面层竣工初期，由于行车作用次数不多，结构层未达到应有的密实度就遇到雨季，使渗水增多，基层翻浆。

（3）车辙

路面在车辆荷载作用下轮迹处下陷，轮迹两侧有隆起，形成纵向带状凹槽。在实施渠化交通的路段或停刹车频率较高的路段较易出现。

造成该病害的原因有：

a. 沥青混合料热稳定性不足。矿料级配不好，细集料偏多，集料未形成嵌锁结构；沥青用量偏高；沥青针入度偏大或沥青质量不好。

b. 沥青混合料面层施工时未充分压实，在行车荷载作用下，继续压密或产生剪切破坏。

（4）拥包

沿行车方向或横向出现局部隆起。拥包较易发生在车辆经常起动、制动的地方，如车站、交叉口等。

造成该病害的原因有：

a. 沥青混合料的沥青用量偏高或细集料偏多，热稳定性不好。在夏季气温较高时，不足以取抵抗行车引起的水平力。

b. 面层摊铺时，底层未清扫或未喷洒黏层沥青，致使路面上下层黏结不好；沥青混合料摊铺不匀，局部细集料集中。

c. 基层或下面层未经充分压实，强度不足，发生变形位移。

d. 在路面日常养护时，局部路段沥青用量过多、集料颗粒偏小或摊铺不均匀。

e. 陡坡或平整度较差路段，面层沥青混合料容易在行车作用下向低处积聚而形成拥包。

（5）搓板（波浪）

路表面出现轻微、连续的接近等距离的起伏状，形似洗衣搓板。虽峰谷高差不大，但行车时有明显的频率较高的颠簸感。

造成该病害的原因有：

a. 沥青混合料的矿料级配偏细，沥青用量偏高，高温季节时，面层材料在车辆水平力作用下，发生位移变形。

b. 铺设沥青面层前，未将下层表面清扫干净或未喷洒黏层沥青，致使上层与下层黏结不良，产生滑移。

c. 旧路面上原有的搓板病害未认真处理即在其上铺设面层。

（6）泛油

表面处治和贯入式路面的表面基本上被一薄层沥青油覆盖，未见或很少看到集料，路表光滑，容易引起行车滑溜交通事故。

造成该病害的原因有：

a. 表面处治和贯入式路面使用沥青标号不适当，针入度过大。

b. 沥青用量过多或集料撒布量过少。

c. 冬天施工，面层成形慢，集料散失过多。

（7）坑槽

表层局部松散，形成深度 2cm 以上的凹槽。在水的侵蚀和行车的作用下，凹槽进一步扩大，或相互连接，形成较大较深坑槽，严重影响行车的安全性和舒适性。

形成该病害的原因是：

a. 面层厚度不够，沥青混合料黏结力不佳，沥青加热温度过高，碾压不密实，在雨水和行车等作用下，面层材料性能日益恶化松散、开裂，逐步形成坑槽。

b. 摊铺时，下层表面泥尘、垃圾未彻底清除，上下层不能有效黏结。

c. 路面罩面前，原有的坑槽、松散等病害未完全修复。

d. 养护不及时，当路面出现松散、脱皮、网裂等病害时，或被机械行驶刮铲损坏后未及时养护修复。

（8）松散

面层集料之间的黏结力丧失或基本丧失，路表面可观察到成片悬浮的集科或小块粒料，面层的部分区域明显不成整体。干燥季节，在行车作用下可见轮后粉尘飞扬。

形成该病害的原因是：

a. 沥青混合料中的沥青针入度偏小，黏结性能不良；混合料的沥青用量偏少；矿料潮湿或不洁净，与沥青黏结不牢；拌和时温度偏高，沥青焦枯；沥青老化或与酸性石料间的黏附性能不良，造成路面松散。

b. 摊铺施工时，未充分压实，或摊铺时，沥青混凝土温度偏低；雨天摊铺，水膜降低了集料间的黏结力。

c. 基层强度不足，或呈湿软状态时摊铺沥青混凝土，在行车作用下可造成面层松散。

d. 在沥青路面使用过程中，溶解性油类的泄漏，雨雪水的渗入，降低了沥青的黏结性能。

（9）脱皮

沥青路面上层与下层或旧路上的罩面层与原路面黏结不良，表面层出现块状或成片状的脱落，其形状、大小不等，严重时可成片。

形成该病害的原因是：

a. 摊铺时，下层表面潮湿或有泥土、灰尘等，降低了上下层之间的黏结力。

b. 旧路面上，加罩沥青面层时，原路表面未经凿毛，未喷洒黏层沥青，造成新面层与原路面黏结不良而脱皮。

c. 面层偏薄，厚度小于混合料集料最大粒径 2 倍，难以碾压成形。

（10）啃边

路面边缘破损松散、脱落。

形成该病害的原因是：

a. 路边积水，使集料与沥青剥离、松散。

b. 路面边缘碾压不足，面层密实度较差。

c. 路面边缘基层松软，强度不足，承载力差。

（11）井口跳车

检查井或其他井口的井框比周边路面高或低，行车时有跳车或抖动现象，行车不舒适，且容易造成路面进一步损坏。

形成该病害的原因是：

a. 施工放样不仔细，井盖框高程偏高或偏低，与路面衔接不齐平。

b. 收水井、检查井基础下沉。

c. 收水井、检查井周边回填土及路面压实不足，交通开放后，逐渐沉陷。

d. 井壁及管道接口渗水，使路基软化或掏空，加速下沉。

（12）施工段接缝明显

接缝歪斜不顺直，前后摊铺幅色差大、外观差。接缝不平整有高差，行车不舒适。

形成该病害的原因是：

a. 在后铺筑沥青层时，未将前施工压实好的路幅边缘切除，或切线不顺直。

b. 前后施工的路幅材料有差别，如石料色泽深浅不一，或级配不一致。

c. 后摊铺的路幅，其松铺系数未掌握好，偏大或偏小。

d. 接缝处碾压不密实。

（13）压实度不足

压实未达到规范要求。在压实度不足的路面上，由手或木条对表层的粒料进行挑拨，粒料有松动甚至被挑起的现象。

形成该病害的原因是：

a. 碾压速度未掌握好，碾压方法有误。

b. 沥青混合料拌和温度过高，有焦枯现象，沥青丧失黏结力，虽经反复碾压，但面层整体性不好，仍呈半松散状态。

c. 碾压时面层沥青混合料温度偏低，沥青已逐渐失去黏性，沥青混合物在碾压时呈松散状态，难以压实成形。

d. 雨天施工时，沥青混合料内形成的水膜，影响矿料与沥青间黏结以及沥青混合料碾压时，水分蒸发所形成封闭水汽，影响了路面有效压实。

e. 压实厚度过大或过小。

2.3.4　沥青路面病害治理方法

1. 灌缝

灌缝，是一种最常用的病害治理方法。根据裂缝宽度的不同，分为直接灌缝和开槽灌缝。对于大于 10mm 的沥青路面重裂缝，裂缝边缘无变形、无散落、无支缝，宜采用直接灌缝的方法；对于 10mm 以下的裂缝，需先用开槽机进行开槽扩缝，然后通过灌缝机将专用灌缝胶注入缝隙内，填充封闭裂缝。

灌缝材料可选用专业灌缝胶、改性沥青或普通沥青。应具有良好的防水性能，与路面接触面、裂缝两侧界面有良好的粘附性；良好的温度稳定性，即夏季高温不流淌，冬季低温不脆裂；弹性好，耐老化，能够适应裂缝宽度随气温发生的变化；施工方便，成型快，适应道路尽快开放交通的要求；符合环保要求，对施工人员和道路环境不产生污染等特性。

2. 填补

填补工艺俗称"补囱"，主要用于路面坑槽的临时性修补。通常先要开槽成型，测定破坏部分的范围与深度，按"圆洞方补、斜洞正补、湿洞干补、浅洞深补"的原则，先将路面坑槽挖方整、凿边整齐、拉毛清底，喷洒黏层沥青油，倒入沥青料。松铺系数为 1.2～1.5，摊铺均匀，保证坑槽周边材料充足，但不要漫散至坑槽边沿外的路面。后用夯锤或小型压路机压实，深度在 6cm 以上的坑槽必须分层投料夯实。通常使修补后坑槽地表面略高于周围路面约 5～10mm，运行一段时间后，修补处即会与路面持平。

填补材料可用热沥青料或冷补沥青。当热拌沥青材料的供应条件和运输条件允许，且现场的交通状况满足，应优先采用热补沥青料。如条件不允许，可用冷补料。

冷补沥青混合料是采用温拌技术生产，可在常温下存放较长时间。冷补技术的优点是施工方便、开放交通快。使用冷补材料，只需要大约 10min 即可开放交通。但由于冷补料与原路面粘结性较低，在行车荷载和雨水的不断冲刷下其最终的修补寿命通常只达到 2 个月左右。对于 50cm×50cm 的表面层坑槽，通常需要一桶 25kg 的冷料，这是一种应急性的修补措施，可以解决临时性的影响安全的坑槽修补。

3. 挖铺

挖铺是一种较为彻底的病害治理方法。根据病害的严重程度，把沥青的面层或基层挖除，甚至对路基进行补强处理，然后重新铺筑路面。

挖铺范围边线根据病害的范围确定，一般取矩形，其边线必须与路中心线平行或垂直。挖铺一般面积较大，工期相对长，对交通影响较大，要编制施工方案。

挖铺一般按原有的面层结构重新恢复，如需采用新的沥青混合料级配，需经过设计计算。

4. 刨铺

刨铺是一种对大面积表层病害的治理方法。根据病害的程度和范围，确定铣刨的深度和范围。铣刨的深度一般为 3～5cm，不大于 10cm。铣刨的范围一般取矩形，其边线必须与路中心线平行或垂直。

铣刨采用铣刨机施工，一般面积较大，工期相对长，对交通影响较大，要编制施工方案。

2.3.5 水泥混凝土路面常见病害

水泥混凝土路面日常养护应做好预防性、经常性养护，通过经常的巡视检查，及早发现缺陷，查清原因，采取适当措施，清除障碍物，保持路面状况良好。

水泥混凝土路面必须经常清扫，保持路容整洁，清除路面泥土污物。如有小石块应随时扫除，以免车辆碾压而破坏路面表面。冬季应及时清除冰雪。路肩与路面衔接应保持平顺，以利排水，有条件时宜将其加固改善成硬路肩。

1. 龟裂

混凝土路面表而产生网状、浅而细的发丝裂缝，呈小的六角形花纹，深度 5～10mm。

原因分析：

（1）浇筑凝土后，表面没有及时覆盖。在炎热或大风天气，表面游离水分蒸发过快，体积急剧的收缩，导致开裂。

（2）拌制混凝土时水灰比过大；模板与垫层过于干燥，吸水大。

（3）混凝土配合比不合理，水泥用量过大。

（4）混凝土表面过度振荡，使水泥和细骨料过多上浮至表面，导致缩裂。

2. 横向裂缝

沿着与道路中线大致相垂直的方向产生裂缝，这类裂缝在行车与温度的作用下，逐渐扩展，最终贯穿板厚。

原因分析：

（1）混凝土路面锯缝不及时，由于温缩和干缩发生断裂。混凝土连续浇筑长度越长，浇筑时气温越高，基层表面越粗糙越易断裂。

（2）切缝深度过浅，由于横断面没有明显削弱，应力没有释放，因而在临近缩地处产生新的收缩裂缝。

（3）混凝土路面基础发生不均匀沉陷（如穿越河浜、沟槽，拓宽路段处），导致板底脱空而断裂。

（4）混凝土路面板厚度与强度不足，在荷载和温度应力作用下产生强度裂缝。

3. 纵向裂缝

顺道路中线方向出现的裂缝。这种裂缝一旦出现，经过一段营运时间后，往往会变成贯穿裂缝。

原因分析：

（1）路基发生不均匀沉陷，如纵向沟槽下沉，路基拓宽部分沉陷、河浜回填沉陷、路堤一侧降水、排管等导致路面基础下沉，板块脱空而产生裂缝。

（2）由于基础不稳定，在行车荷载与水温的作用下，产生塑性变形或者由于基层材料安定性不好（如钢渣结构层），产生膨胀，导致各种形式的开裂，纵缝亦是一种可能的形式。

（3）混凝土板厚度与基础强度不足产生荷载型裂缝。

4. 角隅断裂

混凝土路面板角处，沿与角隅等分线大致相垂直方向产生断裂，在胀缝处特别容易发生。块角到裂缝两端距离小于横边长的一半。

原因分析：

（1）角隅处于纵横缝交叉处，容易产生唧泥，形成脱窄，导致角隅应力增大，产生断裂。

（2）基础在行车荷载与水的综合作用下，逐步产生塑性变形累积，使角隅应力逐渐递增，导致断裂。

（3）胀缝往往是位于端模板处，拆模时容易损伤；而在下一相邻板浇捣时，由于已浇板块强度有限，极易受伤，造成隐患，故此处角隅较易断裂。

5. 井边裂缝

在检查井或收水井周边转角处呈现放射线裂缝，或在检查井周边呈现纵、横向裂缝。

原因分析：

（1）水泥混凝土路面板中设置检查井或收水井，使混凝土板纵横截面积减小，同时板中孔穴的存在，造成应力集中，大大增加了井周边特别是转角处的温度和荷载应力。

（2）在使用过程中，基础和回填土的沉降，在井体上产生附加应力。

（3）在井周边的混凝土板所受的综合疲劳应力大于混凝土路面设计抗折强度而产生裂纹。

6. 露石

露石又称露骨，是指混凝土路面在行车作用下，水泥砂浆磨损或剥落后石子裸露的现象。

原因分析：

（1）由于施工时混合料坍落度小，夏季施工时失水快，或掺入早强剂不当，在平板震荡后，混凝土就开始凝结，以至待辊筒滚压和收水时，石子已压不下去，抹平后，石子外露表面。

（2）水泥混凝土的水灰比过大或水泥的耐磨性差，用量不足使混凝土表面砂浆层的强度和磨耗性差，在行车作用下很快磨损或剥落，形成露石。

7. 蜂窝

混凝土板体侧面存在明显的孔穴，大小不一，状如蜂窝。

原因分析：

（1）施工振捣不足，甚至漏振，使混凝土颗粒间的空隙未能被砂浆填满。特别是在模板处，颗粒移动阻力大，更易出现蜂窝。

（2）模板漏浆造成侧面蜂窝。

8. 摩擦系数不足

水泥混凝土路面光滑，摩擦系数低于设计标准或养护要求。

原因分析：

（1）水泥混凝土路面水泥砂浆层较厚，而砂浆中的砂粒偏细，质地偏软易磨，致使光滑。

（2）混凝土坍落度及水泥用量大，经震荡后，路表汇集砂浆过多，经行车碾磨后，形成光滑面。

（3）路面施工时，抹面过光，又未采取拉毛措施。

（4）路面使用时间较长，自然磨损而磨光。

9. 传力杆失效

胀缝或缩缝处传力杆不能正常传递荷载而在接缝一侧板上产生裂缝或碎裂。胀缝处传力杆失效最为普遍，较为严重。

原因分析：

（1）混凝土路面施工过程中，传力杆垂直于水平向位置不准，或振捣时发生移动；传力杆滑动端与混凝土黏结，不能自由伸缩；对胀缝传力杆端部未加套子留足空隙。这些病害都使混凝土板的伸缩受阻，导致接缝一侧板被挤碎、拉裂，传力杆不能正常传递荷载。

（2）胀缝被砂浆或其他嵌入物堵塞，造成胀缝胀裂，使传力杆失效。

10. 错台

在混凝土路面接缝或裂缝处，两边的路面存在台阶，车辆通过时发生跳车；影响行车舒适性和安全性。这种现象发生在通车一定时期以后。

原因分析：

（1）雨水沿接缝或裂缝渗入基层，使基层冲刷，形成很多粉细料。在行车荷载作用下，发生唧泥，同时相邻板块之间发生抽吸作用，使细料向后方板移动、堆集，造成前板低、后板高的错台现象。

（2）基础不均匀沉降，使相邻板块或断裂板块产生相应的沉降，导致缝的两侧形成台阶。

（3）基层抗冲刷能力差；基层表面采用砂或石屑等松散细集料做整平层。

11. 拱胀

混凝土路面在接缝处拱起，严重时混凝土发生碎裂。

原因分析：

（1）胀缝被砂、石、杂物堵塞，使板伸长受阻。

（2）胀缝设置的传力杆水平、垂直向偏差大，使板伸长受阻。

（3）混凝土板在小弯道、陡坡处以及厚度较薄时，易发生纵向的失稳，引起拱胀。

（4）拱胀的发生与施工季节、连续铺筑长度、基层与面板之间的摩阻力等因素有关。在旧的沥青路面上铺筑混凝土板较易拱胀。

12. 脱空与唧泥

在车辆荷载作用下，路面板产生明显的翘起或下沉，这表示混凝土路面板与基础已部分脱空。在车辆荷载作用下，雨后基层中的细料从接缝和裂缝处与水一同喷出，并在接缝或裂缝附近有污迹存在，这就是唧泥现象。

脱空、唧泥形成的原因类似于错台。

2.3.6　水泥混凝土路面的养护维修

水泥路面的养护维修应保证原路面的结构标准，不降低原结构强度，有计划地对路面进行恢复补强，改善翻修，提高其技术状况，主要包括四个方面内容：保养、修补、加铺面层和翻修。

1. 水泥路面的保养

水泥路面必须经常清除泥土、石块、砂砾等杂物，特别是平交道口以及与其他不同种类路面连接的地方更应加强清扫保养。严禁在路面上进行拌合砂浆或混凝土等作业，以免给路面造成污染，影响路面的排水平整度和抗滑性能，对行车安全不利。

水泥路面的接缝是保养工作的重点。混凝土板在接缝处受到动荷载作用和板本身伸缩的影响大，最易损坏。同时，雨水也容易从接缝处渗入基层，影响基层的稳定性。而接缝处的不平整，还影响行车的舒适。所以，接缝处是水泥路面的薄弱点，是日常保养工作的重点。在保养中，应及时排除嵌入缝内的杂物，填充或更换填缝材料，以保持伸缩缝的功能。为防止雨（雪）水下渗，水泥路面的填缝料应在雨季到来前（及冬季降雪前）更新完毕。

2. 水泥路面的修补

水泥路面出现的裂缝、坑槽、错台、破碎等病害应及时进行修补，常用的修补方法如下：

（1）路面裂缝的修补

裂缝的处治措施，要考虑病害的严重程度以及路面板块是否加筋，常用的方法有：

a 水泥路面产生的纵向或横向裂缝，可把裂缝切成 V 形槽，清除灰土及油迹，在槽壁上涂粘结剂，然后用水泥砂浆修补。

b. 水泥路面的板角部分容易发生裂缝。在裂缝早期可用乳剂和嵌缝料补充，晚期（角隅部分折裂）应凿成方形槽（钢筋混凝土板，要注意保留钢筋），清理干净后，涂环氧粘结剂，重新浇筑同等强度的混凝土或嵌入同尺寸的预制混凝土块，接缝处用填缝料嵌缝。若角隅部分的基础薄弱，应先处理基础后修补面层。

c. 因强度不足出现网状裂网时，可用环氧粘合剂或乳剂等填充，如裂缝集中而密集，宜翻修处理。

d. 对于宽度为 1.5mm 以上的宽裂缝，可采用条带形修补法。首先顺裂缝方向切割方形凹槽，在槽内沿缝两侧向内 10cm，每隔 30cm 钻一直径为 16cm、深为 6cm 的巴钉孔，并在两孔间打一个 1cm 深的巴钉槽（巴钉用 $\phi12$ 钢筋制作，长 20cm，弯钩长 5cm），孔槽内灌满快凝高分子聚合物砂浆，安装巴钉，再在巴钉上顺缝向布设两根直径 8mm 的钢筋，间距为 15cm。然后在修补区涂一层界面增强浆（ZV 型早强界面剂等），浇筑早强混凝土，洒水养护。

e. 对严重宽裂缝或断裂，最彻底的办法是部分更换。具体做法：将断裂或破碎部分凿除，并在凹槽边缘板厚中央钻孔，孔深 10cm，直径 3～4cm，水平间 30～40cm，每个洞应先将其周围湿润，插入一根直径为 18～20mm、长约 20cm 的钢筋，然后用快凝砂浆或细石混凝土填塞捣实，待其硬结后槽中浇筑与原来相同的混凝土夯捣密实。

f. 对于支路和街坊路也可用沥青混合料修补。

（2）路面坑槽的修补方法

a. 深度大于及等于 30mm 的坑槽，需先做局部凿除，再修补面层。

b. 深度小于 30mm 的浅坑，可用环氧粘结剂粘接，水泥砂浆或混凝土修补表面。

c. 对于支路和街坊路可用沥青混合料修补。

（3）路面板错台处理方法

在完整板块之间的错台处理，可用细粒式水泥混凝土或水泥砂浆修补。板块高差超过 10mm 时，接顺的坡度不得大于 1%。当错台高差小于 5mm，采用灌浆施工法，按灌注材料分为沥青灌注法和水泥灌注法。其主要程序：

用凿岩机在路面板上凿孔→用空压机清孔→以 200～400kPa 的压力将沥青（或 300～500kPa 压力将水泥浆）注入孔内→木楔塞孔→养生三天（水泥灌注法）或除楔修孔（沥青灌注法）。

灌浆作业应先从沉陷量大处的灌浆孔开始，逐步由大到小，由近到远，直到路面板块达到预定的高度为止。

用灌注施工法，还可以处治水泥路面的唧泥现象。

（4）拱起的处理方法

板端拱起但路面板完好时，可用切割机具缓慢地将被拱起端两侧的各 2～3 条横缝切宽、切深，释放其应力。亦可直接切开拱起端，将板块恢复原位，然后清理和封填接缝。若板端发生破损或断裂时，应按修补破损或断裂的方法处治。

3. 加铺沥青混凝土面层

对原水泥混凝土路面（损坏特别严重的须凿除后用混凝土进行浇筑作为路面基层）进行清洗，清洗干净后洒布粘层沥青。在隔离层（粘层）上加铺沥青混凝土面层，采用热稳定性较好的开级配中粒式（AC-20）和细粒式（AC-10），原混凝土路面横坡较小时，采用中粒式调整，保证横坡不小于 1.5%。桥面部分可仅加铺细粒式上面层，面层原材料技术要求、配合比设计、拌合、摊铺等与常规沥青混凝土面层施工相同。要注意的是碾压时压实机具选择要考虑面层厚度，防止过振引起沥青混合料二次细粒化。

4. 翻修

当水泥混凝土路损坏严重，采用上述方法不能恢复其使用功能时，应采用翻修的方法。根据路面损坏的状况，按车道，按板块，整板拆除旧路面，修复受损的基层，然后重新浇筑水泥混凝土板块。

2.4　掘路修复

由于经济发展，城市建设需要在现有道路下埋设各种管线，往往对现有路面进行纵向或横向的开挖。在管线埋设后，要对被挖掘的道路进行修复，恢复道路的正常使用功能。

2.4.1　一般要求

1. 掘路前应查明地下管线状况，挖槽时不得损坏原有的地下管线。

2. 掘路的宽度应满足压实机械宽度要求，当宽度不适宜压实机械作业时，其结构修复必须按原标准提高一个级别进行，或对土基进行加固处理。

3. 掘路的槽底最小宽度宜为沟槽顶部的宽度，两侧加夯实机具的工作宽度。

4. 当顺路向的掘路宽度达到原路宽的 1/2 时，面层宜为全幅修复，并应进行专项的掘路修复设计。

5. 掘路埋设的各种管线，其管顶理深应大于 80cm，否则应采取加固措施。

6. 掘路修复的技术资料应归档入该道路的技术档案。

7. 城镇道路的管线敷设宜采用非开挖施工技术。

2.4.2　沟槽回填

1. 掘路沟槽回填，严禁使用淤泥、腐殖土、垃圾杂物和冻土。

2. 回填土的质量应符合现场试验的击实标准和最佳含水量要求。分层回填的层厚应小于 20cm，也可根据碾压、夯实机具的性能确定分层厚度。

3. 当沟槽分段填土时，交接处应做成阶梯形，阶梯长度应大于层厚的两倍。

4. 雨季回填时沟槽内不得有积水。

5. 槽底至设施顶部以上 50cm 范围内，回填应从两侧对称进行，同时填土的高度差不得大于 1 层。

6. 沟槽回填土的压实度应根据回填土的深度和部位确定压实度，应符合下列规定（图 2-3）：

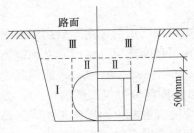

图 2-3 沟槽（管坑）填土部位示意图

（1）填土部位Ⅰ（轻型击实）压实度应大于 90%。
（2）设施顶部以上 500mm 范围内填土部位Ⅱ（轻型击实）压实度应大于 85%。
（3）设施顶部 500mm 以上至路床以下部位Ⅲ填土压实度应符合表 2-8 的要求。

表 2-8 沟槽（设施顶部至路床底部）回填压实度表

项目 回填深度（m）	压实度（重型击实）（%）			检验频率		压实度 检查方法
	快速主干路	次干路	支路	每层	点数	
0～0.8	≥95%	≥94%	≥93%			
0.8～1.5	≥92%	≥91%	≥90%	20m	1	环刀法
＞1.5	≥90%	≥90%	≥90%			

7. 回填土时，对沟槽内原有的管线设施应采取保护措施。

8. 掘路回填遇有特殊情况时应采取下列措施：

（1）当采用掘路土回填不能保证质量时，可采用砂、天然级配砂砾或水泥混凝土等材料回填。

（2）当沟槽发生塌方时，应加大沟槽断面后，再回填。

（3）当槽内设施顶部以上回填厚度小于设计规定时，应对所埋放的设施进行加固保护。

9. 直埋线缆沟槽回填时，其线缆上方应有保护层。回填材料可采用粗砂、混凝土等回填灌注。

2.4.3 基层修复

1. 修复基层的各类材料应具有出厂合格证明，且应经现场试验合格后才能使用。

2. 基层修复宜采用石灰、粉煤灰、石屑混合料或水泥、石屑混合料等半刚性材料，其中未消解的生石灰块粒径不得大于 10mm，石屑的最大粒径不得大于 20mm。

3. 使用石灰、粉煤灰类材料碾压成型的基层，养生时间不得少于 7d。冬季不宜使用此类材料。雨季应合理控制施工段落，应当天摊铺，当天碾压成型。

4. 掘路的基层修复应在开挖断面两侧各加宽 30～50cm。

5. 基层的修复质量应符合现行的道路施工质量标准，各项指标值不低于原设计指标值。

2.2.4　路面修复

1. 沥青混凝土面层修复应符合下列规定。
（1）面层的修复宽度应大于基层宽度，每侧宜大于 20cm。
（2）接口黏层油应涂刷在切割立面，溅洒在道路表面的黏层油应清除干净。
（3）接口宜采用热接方法，应平顺、密实。
（4）宜采用振动压路机或振动夯实机具，分层碾压。
2. 当水泥混凝土路面掘路宽度超过 1/3 板宽时，应按整板恢复。当不足 1/3 板宽时应做加固处理，并应符合规范的规定。
3. 砌块类面层的修复，应将掘路施工期间被扰动的砌块全部拆除重新铺砌。
4. 应急抢修或高交通压力条件下，可分阶段修复。先采用混凝土预制砌块，或冷拌沥青混凝土修补，在条件允许后，再做二次修复。

2.5　市政道路养护机械设备

道路养护工程机械的使用，可节省大量人力，降低劳动强度，完成靠人力难以承担的高强度工程施工；能大幅度地提高工作效率和经济效益，降低成本；为加快工程建设速度，确保工程质量提供了可靠保证。

1. 市政设施巡查车

用于市政设施的日常巡查。一般采用小型或微型货车改装，喷涂专用的标志和车身颜色，配置相应的警示标志，以便随时停车检查（图 2-4）。

图 2-4　市政设施巡查车

2. 道路检测车

道路检测车集成和应用了现代信息技术，以机动车为平台，将光电、IT 和 3S 技术集成一体。在车辆正常行驶状态下，能自动完成道路路面图像、路面形状、道路设施立体图像、平整度及道路几何参数等数据采集、分析、分类与存储。为高速公路、高等级公路、城市市政道路、机场跑道等路面的破损、平整度、车辙、道路安全隐患的检测，及道路附属设施的数字化管理提供有效的数据采集手段。

  道路检测车可以为道路质检部门验收检测、日常养护调查等提供权威、公正的基础检测数据，为道路养护部门提供专业的技术方案，为交通资产管理部门提供科学的决策依据。

  道路检测车工作时，可以不分昼夜，以最高每小时 100 公里的速度完成路面状况全自动检测。随着车辆前进，前置的车辙仪和平整度仪、后置的路面破损检测仪，分别将检测到的数据传至车中的双 CPU 数据处理工作站，经过分项实时和自动处理，形成道路检测报告。该系统的所有检测数据能够与公路信息化管理平台的数据库实现无缝连接，进而可以完成决策分析，并生成养护方案（图 2-5）。

图 2-5 道路检测车

3. 道路清扫车

  道路清扫车是集路面清扫、垃圾回收和运输为一体的新型高效清扫设备。在专用汽车底盘上改装道路清扫功能的扫地车型，车辆除底盘发动机外，另外加装一个副发动机，四把扫刷由液压马达带动工作，带风机、垃圾箱、水箱等多种配套设备。这种全新的车型可一次完成地面清扫、马路道牙边清扫、马路道牙清洗及清扫后对地面的洒水等工作，适用于各种气候和不同干燥路面的清扫作业。

  道路清扫车可广泛应用于干线公路，市政以及机场道面、城市住宅区、公园等道路清扫。路面扫路车不但可以清扫垃圾，而且还可以对道路上的空气介质进行除尘净化，既保证了道路的美观，维护了环境的卫生，维持了路面的良好工作状况，又减少和预防了交通事故的发生以及进一步延长了路面的使用寿命。目前在国内利用路面扫路车进行路面养护已经成为一种潮流（图 2-6）。

图 2-6 道路清扫车

4. 道路铣刨机

路面铣刨机是沥青路面养护施工机械的主要机种之一，主要用于公路、城市道路等沥青混凝土面层清除网裂、拥包、车辙等（图 2-7）。

图 2-7　道路铣刨机

用路面铣刨机铣削损坏的旧铺层，再铺设新面层是一种最经济的现代化养护方法，由于它工作效率高、施工工艺简单、铣削深度易于控制、操作方便灵活、机动性能好、铣削的旧料能直接回收利用等，因而广泛用于城镇市政道路和高速公路养护工程中。

一般铣刨机由发动机、车架、铣削转子、铣削深度调节装置、液压元件、集料输送装置、转向系及制动系等组成。

铣削转子是铣刨机的主要工作部件，它由铣削转子轴、刀座和刀头等组成，直接与路面接触，通过其高速旋转的铣刀进行工作而达到铣削的目的。铣刨机上设有自动调平装置，以铣削转子侧盖作为铣削基准面，控制两个定位液压缸，使所给定的铣削深度保持恒定；其液压系统用来驱动铣削转子旋转、整机行走、辅助装置工作等，一般为多泵相互独立的闭式液压系统，工作时互不干扰且可靠性较高；有的铣刨机根据需要安装倾斜调整器，用来控制转子的倾斜度；一般大型铣刨机都有由传送带和集料器组成的集料输送装置，它可将铣削出的散料集中并传送至随机行走的运载汽车上，输送臂的高度可以调节并可左右摆动，以调整卸料位置。

铣刨机规格、型号不同时，其结构、布置也略有区别，但基本工作原理相同或相似。铣刨机动力传动的路线：发动机→液压泵→液压马达、液压缸→工作装置。

根据铣削形式，铣刨机可分为冷铣式和热铣式两种。冷铣式配置功率较大，刀具磨损较快，切削料粒度均匀，可设置洒水装置喷水，使用广泛，产品已成系列；热铣式由于增加了加热装置而使结构较为复杂，一般用于路面再生作业。

按铣削转子的旋转方向，可分为顺铣式和逆铣式两种。转子的旋转方向与铣刨机行走时的车轮旋转方向相同的为顺铣式，反之则为逆铣式。

根据结构特点，分为轮式和履带式两种。轮式机动性好、转场方便，特别适合于中小型路面作业；履带式多为铣削宽度 2000mm 以上的大型铣刨机，有旧材料回收装置，适用于大面积路面再生工程。

按铣削转子的位置，可分为后悬式、中悬式和后桥同轴式。后悬式即铣削转子悬挂于后桥的尾部；中悬式即铣削转子在前后桥之间；后桥同轴式即铣削转子与后桥同轴布置。

根据铣削转子的作业宽度，可分为小型、中型和大型等三种。小型铣刨机的铣削宽度为300～800mm，铣削转子的传动方式多采用机械式，主要适用于施工面积小于 100m² 的路面维修工程；中型铣刨机的铣削宽度为 1000～2000mm，铣削转子的传动方式多为液压式；大型铣刨机的铣削宽度在 2000mm 以上，一般与其他机械配合使用，形成路面再生修复的成套设备，其铣削转子传动方式也多为液压式。

根据传动方式分为机械式和液压式两类。机械式工作可靠、维修方便、传动效率高、制造成本低，但其结构复杂、操作不轻便、作业效率较低、牵引力较小，适用于切削较浅的小规模路面养护作业；液压式结构紧凑、操作轻便、机动灵活、牵引力较大，但制造成本高、维修较难，适用于切削较深的中、大规模路面养护作业。

道路铣刨机的应用特点有：

(1) 使用铣刨机铣削路面，可以快速有效地处理路面病害，使路面保持平整。

(2) 道路的翻修工程采用铣削工艺可保持原路面的水平高程。铣削工艺可将损坏路面切除掉，由新材料填补原有空间，经压实后与原路面等高，保持路面的原有水平高程，这使穿行于高架桥或立交桥涵的路面载荷对桥体不致产生冲击载荷，并且桥涵通过高程不变。

(3) 保证新旧路面材料的良好结合，提高其使用寿命。采用铣削工艺可使填料坑边侧及底部整齐、深度均匀，形成新旧料易于结合的齿状几何表面，从而使翻修后新路面的使用寿命大大提高。

(4) 有利于旧路面材料的再生利用。由于可以掌握切削深度，铣削下来的材料不仅干净且呈规则的小颗粒，可以不用再破碎加工即可再生利用，大大降低了施工成本，同时也是一种环境保护措施。

第3章　市政排水管道养护与维修

3.1　排水系统养护概述

在城镇居民的生活和生产过程中，使用着大量的水。这些水在使用过程中受到不同程度的污染，改变了原有的物理性质和化学成分，故称为污水或废水，其中还包括雨水及冰雪融化水，因为雨水及冰雪融化水（合称降水）挟带有来自空气、地面和屋面的一些杂质。

按照水来源的不同，可将其分为生活污水、工业废水和降水三类。

生活污水是居民在日常生活中排出的废水，包括从厕所、浴室、盥洗室、厨房、食堂和洗衣房等处排出的水，来自住宅、公共场所、机关、学校、医院、商店以及工厂中的生活间部分。

生活污水中含有大量的有机物质、肥皂和合成洗涤剂、病原微生物等。这类污水需经处理后才能排入水体、灌溉农田或再利用。

工业废水是在工业企业的生产过程中排出的水，包括生产废水和生产污水两类。生产废水是在生产过程中未受污染或受轻微污染以及水温稍有升高的工业废水。生产污水是在生产过程中被污染的工业废水，还包括水温过高、排放后造成热污染的工业废水。生产废水一般不需处理，或仅需简单处理，即可重复使用或直接排入水体。生产污水大都需经过适当处理后才能排放或重复使用，它含有的有毒或有害物质往往是宝贵的工业原料，应尽量将其回收利用，为国家创造财富，同时也减轻了污水的污染。

降水是指在地面上流泄的雨水和冰雪融化水，常称为雨水。这类水所含杂质主要是无机物，对环境危害较小，但径流量大，若不及时排除则会使居住区和工业区等遭受淹没，或者交通受阻，尤其山区的山洪水危害更甚。通常暴雨水的危害最严重，是排水的主要对象之一。街道冲洗水和消防水的性质与雨水相似，也并入雨水。雨水不需要处理，可直接就近排入水体。

城市污水是排入城市污水系统的生活污水和工业废水的混合液，是一种混合污水。它的性质随各种污水的混合比例以及污水中污染物质特性的不同而异，需经过处理后才能排入水体、灌溉农田或再利用。

在城市和工业企业中，应当有组织地、及时地排除上述污废水和雨水。为了系统地排除污废水和雨水而建设的一整套工程设施称为排水系统，它通常由管道系统和污水处理系统两部分组成。管道系统是收集和输送废水的设施，包括排水设备、检查井、管渠、泵站等设施。污水处理系统是处理和利用废水的设施，包括污水处理厂（站）中的各种处理构筑物和各种除害设施。

3.1.1 市政排水系统的组成

城市污水、工业废水和雨水等排水系统的主要组成部分分述如下。

1. 城市污水排水系统的主要组成部分

城市污水包括排入城镇污水管道的生活污水和工业废水。城市污水排水系统，由以下几个主要部分组成。

（1）室内污水管道系统及设备

室内污水管道系统及设备的作用是收集生活污水，并将其送至室外居住小区的污水管道中。

在住宅及公共建筑内，各种卫生设备既是人们用水的容器，也是承受污水的容器，还是生活污水排水系统的起点设备。生活污水从这里经水封管、立管、竖管和出户管等室内管道系统流入室外街坊或居住小区内的排水管道系统。

（2）室外污水管道系统

室外污水管道系统是分布在地面下，依靠重力流输送污水至泵站的管道系统，它又分为街区（小区）管道系统及街道管道系统。

街区（小区）污水管道系统敷设在一个街区或居住小区内，连接一群房屋出户管或整个小区内房屋出户管。

街道污水管道系统，敷设在街道下，用以排除从居住小区管道流来的污水。在一个市区内它由支管、干管、主干管等组成。支管承受街区流来的污水。在排水区界内，常按分水线划分成几个排水流域。在各排水流域内，干管是汇集输送由支管流来的污水，也常称流域干管。主干管是汇集输送由两个或两个以上干管流来的污水，并把污水输送至总泵站、污水处理厂或出水口的管道，一般在污水管道系统设置区范围之外。

管道系统上的附属构筑物，如检查井、跌水井、倒虹管等。

（3）污水泵站及压力管道

污水一般靠重力流排除，但往往由于受地形等条件的限制而难以排除，这时就需要设泵站。泵送从泵站出来的污水至高地自流管道或至污水厂的承压管段，这种管段被称为压力管道。

（4）污水处理厂

污水处理厂由处理和利用污水与污泥的一系列构筑物及附属设施组成。城市污水厂一般设置在城市河流的下游地段，并与居民点和公共建筑保持一定的卫生防护距离。

（5）出水口

污水排入水体的渠道和出口称为出水口，它是整个城市污水排水系统的终点设备。事故排放口是指在污水排水系统的中途，在某些易于发生故障的组成部分前端，例如在倒虹管和总泵站，设置的辅助性出水管道，一旦发生故障，污水就通过事故排放口，直接排入水体。

2. 工业废水排水系统的主要组成部分

在工业企业中用管道将厂内各车间所排出的不同性质的废水收集起来，送至废水处理站。经回收处理后的水可再利用、排入水体或排入城市排水系统。

工业废水排水系统，由下列几个主要部分组成：

（1）车间内部管道系统和设备。用于收集各生产设备排出的工业废水，并将其送至车间外部的厂区管道系统中。

（2）厂区管道系统。敷设在工厂内，用以收集并输送各车间排出的工业废水的管道系统。厂区工业废水的管道系统，可根据具体情况设置若干个独立的管道系统。

（3）污水泵站及压力管道。

（4）废水处理站，是厂区内回收和处理废水与污泥的场所。

若排放的工业废水符合《污水排入城市下水道水质标准》的要求，可不经处理直接排入城市排水管道中，和生活污水一起排入城市污水厂集中处理。工业企业位于城区内时，应尽量考虑将工业废水直接排入城市排水系统，利用城市排水系统统一输送和处理，这样较为经济，能体现规模效益。当然工业废水排入应不影响城市排水管渠和污水厂的正常运行，同时以不影响污水处理厂出水以及污泥的排放和利用为原则。当工业企业远离城区时，符合排入城市排水管道条件的工业废水，是直接排入城市排水管道或是单独设置排水系统，应根据技术经济指标进行比较确定。

一般来说，对于工业废水，由于工业门类繁多，水质水量变化较大。原则上，应先从改革生产工艺和技术革新入手，尽量把有害物质消除在生产过程之中，做到不排或少排废水，同时应重视废水中有用物质的回收。

3. 雨水排水系统的主要组成部分

雨水排水系统由下列几个主要部分组成：

（1）建筑物的雨水管道系统和设备。主要是收集工业、公共或大型建筑的屋面雨水、将其排入室外的雨水管网系统中。

（2）街区或厂区两水管网系统。

（3）街道雨水管网系统。

（4）出水口。

收集屋面的雨水由雨水口和天沟并经落水管排至地面；收集地面的雨水经雨水口流入街区或厂区以及街道的雨水管集系统。雨水排水系统的室外管网集系统基本上和污水排水系统相同，而且也设有检查井等附属构筑物。

当然，上述各排水系统的组成不是固定不变的，需结合当地条件来确定排水系统内所需要的组成部分。

3.1.2　市政排水系统养护的主要内容

随着支管到户管网系统的不断完善和陆续地投入使用，市政排水系统养护便成了一个现实的问题，只有及时地养护，才能保证市政排水系统的正常运行，否则会导致其系统功能的丧失，甚至会导致市政排水系统产生局部瘫痪，影响市民的正常生活以及生产的正常进行。因此我们必须加强对市政排水系统的养护，维护排水管道和附属设施，使它们经常处于完好状态、不积不淤，排水畅通，充分发挥排水管系统及时宣泄废水的功能。包括管道的清通，落底雨水口和落底检查井的捞泥，破损管道和构件、构筑物的修理，泵站的维护。

1. 管道清通

排水管道的清通工作是污水管网运行过程中一项长期工作，如果管网不畅通，会对污水处理厂进水的水质、水量都造成很大影响，因此每年需要投入大量的人力、物力清通污水管道。在污水管道中，往往由于排水量不足、坡度小、污水中所含污染物较多，或施工质量存在问题等原因，而出现沉淀、淤积，排水管道中杂物过多将影响管道的通水能力，特别严重时会造成管道堵塞。所以，必须定期对管道进行清通。清通的方法主要有水力清通、机械清通和专用设备清通三种方法。

（1）水力法

利用湍急水流冲刷管道，清除底部积泥。在冲洗管段的上游蓄积大量的水，迅速放出，造成短暂的急流，流速高时甚至可将整块青砖冲至检查井中。蓄水方法有两种：

a. 在排水管网系统中，设置冲洗井或闸门井；

b. 临时在检查井中用管塞堵塞上游管口。

冲洗井常设在支沟的起端，一般采用虹吸装置自动工作，蓄积的水往往是清水。用闸门或管塞时，上游废水蓄积在管道和检查井中；打开闸门或管塞，蓄水即汹涌而下，水流通过的管道得以冲清。

水力法一般也用疏浚工具，其横断面呈圆形，直径等于或小于管径。直径与管径相等时，工具为活塞型刮管器，作用于活塞上的水压力推动刮管器行进。活塞边缘常用橡皮制作，有一定的弹性。活塞直径小于管径时，工具起减少过水断面、增加局部流速的作用；为了使湍急的流速出现在管底部，工具常用上浮材料制作，如竹木制品和空心皮球。

（2）机械清通

当管道沉积物严重，特别是长年不清理，淤泥粘连密实，用水力清通效果较差时，一般要采用机械清通方式。机械清通方法也很简单，在需清通的管段上、下游检查井处分别设绞车（用连接支架安装），可用竹片作为清通工具，竹片两端分别用钢丝绳相连，用绞车反复拉动竹片做水平运动，将管内沉积物刮到检查井内，绞车可手动、机动。

用摇车（一种卷扬机）往复摇动刮管器（通称"牛"）以清除管道内沉积物。在疏浚段的两端检查井处各放摇车一架，检查井中各放转向滑车（通称葫芦架）一个。摇车上的钢丝绳绕过转向滑车上的滑车，并分别系在刮管器两端的环上，刮管器放在管道中。用人力或电动机转动摇车，刮管器即往返移动。将管道内沉积物集中到检查井中，然后将沉积物捞出。刮管器多用铁质，外形有短管件型、簸箕型等。

近些年来，开始使用气动式通沟机清通污水管、渠。利用压缩空气经检查井送至污水管道另一检查井，利用绞车和钢丝绳原理拉动清泥工具，使翼片张开，把管内沉积物送至检查井处。还有一种是钻杆通沟机，钻头带动钻杆一起转动，并向前运动，从而达到清除管内杂物的目的，杂物最后用吸泥车运走。若沉积物块状较多，可用抓泥专用工具挖出，必要时可由人工下检查井挖出。

一般污水管道管径较大，不易被堵塞，若有大块沉积物影响水流时，可在保证安全的前提下用人工清理。

水道维修保养、疏通堵塞等作业。卷管器可旋转180o，操作方便，配有喷枪及各种喷头，可进行多种清洗作业。另一种是吸污车，目前国内生产厂家较少。以5092GXWFA风机吸污车为例，该车采用解放底盘，是城市下水道养护专用车辆。它的作用是利用风力清理下水道和沉积井中的污泥、石砂、板结块状物体等污物。

（3）专用设备清通

专用设备清通就是利用车辆完成疏通、清除下水道中的污物，也是利用水力清通的一种方法。目前国内生产厂家较少，一般需要用两台车来完成。

一种是高压清洗车，如 BGJ5110GQX、BGJ5060GQX 车型，由北京市市政工程管理处机械厂改造实现。它是由 GQ111866DJ16 底盘改装而成的中型专用车辆，适用于城镇。

2. 管道维修

应保证雨水口的进水箅和检查井的井环、盖完整。定期检修跌水井、溢流井、闸门井、潮门井等。清通和疏浚管道中出现可疑情况时，如清出的泥状物有明显的泥土或水泥碎块、用摇车疏浚时刮管器有跳动迹象等，要检查管道有无断裂、检查井井壁有无坍塌，如有损坏须及时修理。检修地下设施，有时需要进入检查井。由于通风不良管道和检查井中可能蓄积有毒气体（如硫化氢），下井人员必须注意，应设法加强通风并采取防护措施后才能进入检查井。目前可以利用电视及干燥设备检查管道的损坏与堵塞情况。对分流制排水系统，要定期检查用户支管有无接错情况，及时更正错接于污水管道的雨水支管和错接于雨水管道的污水支管。

3. 泵站维护

对泵站内的水泵机组进行正确的操作、维护与管理是泵站输配水系统安全经济供水的前提，因而掌握水泵机组的操作管理技术，对于泵站的运行、维护与管理人员是相当重要的。一个运转良好的泵站应具有以下四个方面的特征：

（1）设备状况好。泵房内所有设备完好，主体完整、附件齐全，不见脏、漏、松、缺；泵站内各种设备、管线、阀门、电器、仪表安装合理，布置整齐。

（2）维护保养好。有健全的运行操作、维护保养制度并能认真执行；维修工具、安全设施、消防器具齐备完整，灵活好用，放置整齐。

（3）室内卫生好。室内四壁、顶棚、地面、仪表盘前后清洁整齐，门窗玻璃无缺；设备见本色，轴见光、沟见底，室内物品放置有序。

（4）资料保管好。运行记录、交接班日志、各种规章制度齐全；记录认真清晰、保管好。

4. 污水厂维护

（1）设备的维护

在污水处理厂，格栅除污机、刮泥机、污泥浓缩机、潜水推进器等为运行工艺上重要的大型设备。这些设备在长时期运行过程中，因摩擦、高温、潮湿和各种化学效应的作用，不可避免地造成零部件的磨损、配合失调、技术状态逐渐恶化、作业效果逐渐下降，因此还必须准确、及时、快速、高质量地拆修，以使设备恢复性能，处于良好的工作状态。只有保证这些设备安全、正常运行，充分发挥这些设备的工作潜能，才能使整个污水处理厂正常地运转起来。这是污水处理及一线设备维修保养人员的一项重要任务。

（2）高压配电装置的维护

高压配电装置是指 1kW 以上的电气设备，按一定的接线方案，将有关一、二次设备组合起来。用来控制发电机、电力变压器和电力线路，也可用来启动和保护大型交流高压电动机。高压配电装置是接受和分配电能的电气设备，由开关设备、监察流量仪表、保护电器、连接母线和其他辅助设备等组成。

高压配电装置运行前应进行相应的检修，运行中对电气开断元件及机械传动、机械连锁等部位要进行定期或不定期的检修，而正确的检修方法是保证装置的安全运行及延长使用寿命的重要条件。必须按照规定的程序进行操作，维修人员才能进入断路器室等进行检修，这样方能确保维修人员的人身安全。

（3）流量仪表的日常维护与管理

随着科学技术的发展和污水处理工艺的要求，污水处理过程自动化控制也越来越多，也就需要大量的现场在线测量仪表的应用。在污水处理过程中，需要测量的参数是多种多样的：例如污水处理厂的进、出水温度，曝气池中的溶解氧，污水 pH 值，污泥浓度、浊度等。测量仪表种类很多，结构各异，因而分类方法也很多。

自动化检测仪表应用于污水处理领域相比于其他生产领域要晚得多，从设计、施工、安装到日常管理及仪表人员的操作、维修、维护水平都需要进一步提高。对于污水处理厂在线仪表的日常维护、保养、定期检查、标定调整，是保证其正常运行的重要条件。而每种仪表的工作原理以及调、校方法各不相同，因此对于每种具体的仪表，首先应详细认真阅读其使用维护操作手册，并按各自说明要求进行操作，这里不再具体介绍。

3.2　排水管道设施管理

管道设施的管理，是一项综合性的工作。

3.2.1　设施等级

排水管道以排水功能级别标准划分，一般分为总干管、主管、支管。

总干管：在排水系统区域以内，担负整个区域的水量，并汇集接纳主管的污水，将其送入污水处理厂、泵站或河流的管道。一般雨水没有总干管，由主管直接排入河道。

主管：在排水系统范围内，担负部分区域的排水量。沿道路纵向敷设，接纳道路两侧支管及输送上游管段来水的排水管道。

支管：连管和接户管的总称。在排水系统范围内，担负具体地点水量的收集，汇集户线的雨（污）水，并将其送主管或总干管的管道。

连管：连接雨水口与主管的管道。

接户管：连接排水户与主管的管道。在排水系统范围内，专门担负厂矿、机关团体、居民小区、街道的污水收集，并将污水排入外部市政排水管道的管线。

3.2.2　养护质量等级

1. 城市污水管道（含合流管道）技术等级是以污水充满度（符合设计规定程度）、技术状况（达到设计标准的程度）和附属构筑物完善情况（对设计要求的齐全配套程度）来确定每条管线的技术等级（表 3-1）。

表 3-1　污水管道技术等级

项目	一级	二级	三级	四级
充满度	小于设计规定	大于设计规定但不满流	满流	超负荷满流
技术状况	达到设计标准	局部改变设计但未降低标准	降低标准，有渗漏	不符合设计，有渗漏，反坡
附属构筑物	配套齐全	齐全	不配套	不齐全

2. 城市雨水管道技术等级标准是以雨水溢流周期（符合设计规定）、技术状况（达到设计标准的程度）和附属构筑物完善情况（对设计要求的齐全配套程度）来确定每条管线的技术等级（表 3-2）。

表 3-2　雨水管道技术等级

项目	一级	二级	三级	四级
溢流周期	大于设计规定	等于设计规定	小于设计规定	小于设计规定
技术状况	达到设计标准	局部改变设计但未降低标准	降低标准	不符合设计，反坡
附属构筑物	配套齐全	齐全	不配套	不齐全

3. 排水管道养护质量等级标准划分

排水管道养护质量从使用效果、结构状况、附属构筑物完好状况三个方面进行检查评议顶级，最后综合反映出排水管道的完好状况（表 3-3）。

表 3-3　排水管道养护质量检查标准

项目	内容	标准说明	
使用： 排水通畅	管道存泥	一般小于管径的 1/5，大于 1350mm 管径时小于 30cm	
	检查井存泥	同上	
	截留井存泥	同上	
	井出水口存泥	清洁无杂物	
	支管存泥	小于管径的 1/3	雨季小于 1/3 管径，旱季小于 1/2 管径
	雨水口存泥	同上	
结构： 无损坏	腐蚀	腐蚀深度小于 0.5cm	小于 0.5cm 不作为缺点
	裂缝	保证结构安全	
	反坡	小于管径的 1/5	
	错口	小于 3cm	
	挤帮	保证结构安全	
	断盖	保证结构安全	
	下沉	保证结构安全	小于 1cm 时，不作为缺点
	塌帮塌盖	不允许有塌帮、塌盖、无底、无盖的情况	
	排水功能	构筑物排水能力与水量相适应	
	检查井	无残缺、无损坏、无腐蚀	井口与地面衔接平顺；井盖易打开；抹面、勾缝无严重脱落；井墙、井圈、井中流槽无损坏、腐蚀；踏步无残缺、腐蚀等
附属构筑物： 应完整	截留井、出水口	同上	同上
	雨水口、进水口	同上	同上
	机闸、通风设备	适用、无残缺	启闸运转灵活；部件完整有效

排水管道以长度计，每 100m 为一个考核单位。

（1）使用项目：管道要通畅，以 100m 的长度内，影响使用的缺点长度（m）进行评定等级。

管道积泥：按 m 计。

检查井积泥：如井内存泥超标用下游一个井距长度反映，按 m 计。

截流井积泥：存泥超标用下游管段长度反映，按 m 计。

进出口积泥：存泥超标用下游管段长度反映，按 m 计。

支管积泥：按 m 计。

雨水口积泥：用直管长度反映，按 m 计。

(2) 结构：无损坏。即以 100m 的长度内，影响管道完整的缺点长度（m）进行评定等级。

腐蚀：用 m^2/m 反映，按 m 计。

裂缝：用 m^2/m 反映，按 m 计。

反坡：按 m 计。

错口：用一处错口上、下游各 4m 长度反映，按 m 计。

挤帮：用 m^2/m 反映，按 m 计。

断盖：用 m^2/m 反映，按 m 计。

(3) 附属构筑物：要完整。即以 100m 的长度内影响附属构筑物完整的缺点数量多少进行评定等级。

检查井：按座计。

雨水口：按座计。

启闭闸：按座计。

4. 养护质量检查评议办法

(1) 养护质量检查方法：养护质量状况检查由组织养护生产的管理人员、专业技术人员和直接从事养护工作的人员组成。以现场检查为主要方式，对日常养护工作质量实行定期检查，如月、季、年度检查，对季节性养护工作质量状况实行季节性检查，如干旱期、雨期汛期、冰冻期等，将现场设施养护质量状况检查结果做好原始记录，给下一步分析评定设施养护质量状况打下基础。

(2) 养护质量状况评议工作

评议标准共分为四级。

一级：满足使用要求，养护质量良好。全部达到养护质量检查标准或基本上达到养护质量检查标准，虽有零星缺点，但通过日常维护可以解决。

二级：基本满足使用要求，养护质量较好。基本达到养护质量检查标准，设施存在的缺点对设施使用影响较小，通过加强维护就可以解决。

三级：能维持使用，养护质量较差。设施存在的缺点对设施使用影响较大，须通过维修或修理方可解决。

四级：勉强维持使用，养护质量很差。设施存在的缺点对设施使用有严重的影响，必须通过修理或翻修解决。

设施定级办法根据排水管道养护质量检查标准，对设施进行检查，按上述计量方法对缺点进行计算，首先按使用、结构、附属构筑物三项进行分项评议，将评议结果填入"养护质量评定表"（表3-4、表3-5）。

表 3-4　养护质量考核评定等级表

级数 项目	一级	二级	三级	四级	备注
使用	≤5	≤15	≤25	>25	
结构	≤1	≤10	≤25	>25	
附属构筑物	≤1	≤2	≤3	>3	

表 3-5　养护质量评定表

管段名称	长度 （km）	分项评议结果			评定等级			
		使用	结构	附属构 筑物	一级 （km）	二级 （km）	三级 （km）	四级 （km）
合计								
制表：				日期：　　年　月　　日				

在分项评议的基础上对管段进行定级（表 3-6），定级时以使用项目为主要项目，并参照其余两个项目。

表 3-6　排水管道养护情况定级标准

一级设施			二级设施			三级设施			四级设施		
使用	结构	附属构 筑物	使用	结构	附属构 筑物	使用	结构	附属构 筑物	使用	结构	附属构 筑物
1	1	1	2	1	1	3	1	1	4	1	1
1	1	2	2	1	2	3	1	2	4	1	2
1	1	3	2	1	3	3	1	3	4	1	3
1	2	1	2	2	1	3	2	1	4	1	4
1	3	1	2	2	2	3	2	2	4	2	1
1	2	2	2	2	3	3	3	1	4	2	2
1	2	3	2	3	1	3	3	2	4	2	3
1	3	2	2	3	2	3	3	3	4	2	4
1	3	3	2	3	3	3	4	1	4	3	1
			1	4	4	3	4	2	4	3	2
			1	1	1	3	4	3	4	3	3
			1	2	2	3	2	1	4	4	3	4
			1	3	1	3	2	4	4	4	1
						3	3	3	4	4	2
						2	1	4	4	4	3

一级设施			二级设施			三级设施			四级设施		
使用	结构	附属构筑物	使用	结构	附属构筑物	使用	结构	附属构筑物	使用	结构	附属构筑物
						2	2	4	4	4	4
						2	3	4	4	4	4
						2	4	1	1	4	4
						2	4	2	3	4	4
						2	4	3			

5. 设施完好率

指一定范围内排水管道整体的完好情况。通过对排水管道的检查，定出每条排水管道的级别，共分为四个等级。其中一、二级设施所占的比例即为本单位所管辖的排水管道的完好率。

【例题】某下水道设施养护单位共养护排水管道 896 条，总长 294.3km。经养护检查评定，一级设施有 262 条，78.6km；二级设施有 327 条，108.2km；三级设施 213 条，72.1km；四级设施有 94 条，35.4km。问该养护单位的排水管道设施完好率是多少？

解：

排水管道设施完好率＝一、二级设施总长/养护管道总长×100%

$$= （7.21+108.2）/294.3×100% = 61.26%$$

答：该养护单位的排水管道设施完好率是 61.26%。

3.2.3 设施养护经济技术指标

对于排水设施养护方案的可行性进行定性定量的分析、对比和评论，论证其技术上的正确性、经济上的合理性，并以相应的指标作为反映设施养护技术经济状况。设施养护经济指标的制定一般有两种方案，即：一是根据以往设施养护经验，以历年养护状况统计资料为基础，制定有关设施养护技术经济指标；二是按当前设施完好与使用现状需要，根据排水设施技术等级标准，以确保设施完好率为基本条件，制定相应的有关设施养护经济指标。

一般常用各种养护技术经济综合指标有以下几种：

1. 养护率

表示单位排水设施在单位时间内所需要的养护费用，其单位为：元/（km·a）或（元/km·月）。作为不同时期、不同地区设施养护费用投入状况和分配设施养护投资费用的依据，它是设施养护的主要经济指标。确定养护率方法是以历年需用的养护费统计资料或以扩大养护定额为基础来确定的，以历年养护资料为基础的制定方法如下：

$$养护率 = \frac{\dfrac{y_1}{x_1} + \dfrac{y_2}{x_2} \cdots \dfrac{y_n}{x_n}}{n} \tag{3-1}$$

式中：y_1、y_2……y_n——在 n 年中各年排水设施养护费用（元）；

x_1、x_2……x_n——在 n 年中各年排水设施养护里程（km）；

n——年数值（a）。

2. 扩大养护定额

指排水设施养护在单位时期内单位长度上所需要的人工、材料与机械设备，即所耗用的工、料、机种类与状况，它是制定养护工作计划、实施养护工作的依据，是设施养护经济指标之一，其单位为工、料、机耗用量/（km·年）。

3. 完好率

它表示不同时期、不同地区排水设施可使用性的程度及设施养护效果状况，是排水设施养护的主要技术指标。

4. 维修率

表示单位排水设施在单位时期内维修工程规模及所需的维修工程量，可反映不同时期、不同地区维修工程量的大小和设施全面养护程度，作为组织实施养护工作的依据，是养护技术指标之一，其单位为设施综合维修率，以 m/（km·a）表示；若指附属构筑物维修率，则以座/（km·a）表示。

确定维修率，一般通常也是以历年设施维修统计资料为基础，计算方法如下：

$$维修率 = \frac{\frac{z_1}{x_1} + \frac{z_2}{x_2} \cdots \frac{z_n}{x_n}}{n} \tag{3-2}$$

式中：z_1、z_2……z_n——在 n 年中各年排水设施维修（包括大、中、小修）工程量大小（m 或座）；

x_1、x_2……x_n——在 n 年中各年排水设施养护里程（km）；

n——年数值（a）。

5. 养护周期

养护周期是根据设施养护质量标准，对排水设施进行养护工作的间隔时间。一般以历年设施养护清通与维修周期的循环次数来确定设施养护周期，作为安排实施养护具体工作计划的依据。它是养护技术指标之一，也是实现随排水设施有计划地进行养护工作的措施，做到预防为主，减少维修工作量。养护周期的单位为次/a。

综上所述，排水设施养护各项技术经济综合指标的相互关系及其养护工作实施循环过程如图 3-1 所示。

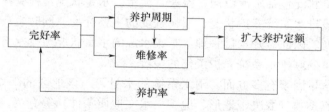

图 3-1　养护经济技术指标相互关系图

因此，经过对设施养护情况的技术经济分析，要求在一定范围内，排水设施养护技术指标要高，而经济投入要少，满足以上要求的为最佳方案。

3.2.4　水质管理

各种排水管道接受的水质条件如下：

1. 雨水管道和明渠

不允许排入任何污水，其中雨水管道的水质应满足排入的水体对水质的要求，以保证城市环境卫生为基本条件，根据排水规范规定具体指标如表3-7。

表 3-7　排入水体卫生指标

水质条件	排入水体卫生指标
溶解氧（DO）	＞4mg/L
生化需氧量（BOD）	＜4mg/L
pH 值	6.5～8.5
有毒有害物质	氰化物＜0.05mg/L；硫化物＜0.05mg/L；有毒物＜0.5mg/L；油质为0

2. 合流管道

接受雨水及各种生活污水，为避免生活污水中悬浮物和有机物含量过大，堵塞管道，加大污水处理难度，一般粪便污水须经过化粪池，方可排入管道中。

3. 污水管道

正常情况下，污水管道不允许排入雨水，以减轻中途泵站和污水处理厂的污水负荷量。生活污水性质比较稳定，一般对水质不做要求。而工业废水因为生产工艺差别悬殊，污水性质变化较大，水质不稳定。为了保护排水管道设施不受损坏和养护作业人员的安全，对排入污水管道的生产污水，必须对其水质进行如下限制：

（1）含有毒有害物质的生产污水，如酚、氰、砷、铬等，必须在工厂内进行预处理，达到排放标准后，方可排入污水管道中。

（2）含有酸碱性物质的生产污水，会腐蚀管道，必须在厂内经过中和处理，使 pH 值达到 6～10 之间，才允许排入污水管道。

（3）含有各种油脂物质的生产污水，易堵塞管道，影响流速，必须经过除油处理，方可排入污水管道。

3.2.5　水量管理

排水管道的水量状况包括水流流向、流速、流量。水量状况是检验排水系统排水能力的唯一标准，也是考核排水系统养护状况、通畅程度的主要标准。同时也反映排水体制与排水系统的合理完善程度。因此做好水量管理，掌握水源的水量状况与排水系统的排水构筑物排水量的相应关系，是搞好排水系统养护工作的关键。

影响排水管道水量因素有多方面。雨水系统的水量，与该地区的降雨特点、降雨强度、汇水面积、地区径流系数（取决于地形、地貌、水文地质条件）等有关。污水系统的水量则与当地居民的人口密度、生活水平、生活习惯及商业与公共设施设置状况、工厂区分布特征与生产状况等因素有关，这些因素影响了城市污水的性质与水量大小。

因此，各类排水系统中排水构筑物的排水能力与排水设施标准状况，必须要不断地满足上述水量变化因素的条件，才能达到相互适应的程度，这就是进行水量管理工作的根本任务。

1. 水量管理办法

（1）排水系统中排水设施的流量测定。流量测定的目的是为了了解排水设施实际排水能力与设施标准状况，排水设施现状（包括养护状况与完善程度）与原有排水设施排水能力发挥的程度，如污水管道排污量大小、水量均匀程度，反映出每人每日或单位产品排污量与污水量变化系数等各项参数状况，以及各项水量参数变化与排水设施现状标准，设施养护和设施完善程度是否相互一致；同时也对排水管道养护、抽水泵站、污水处理、河湖系统管理、环境保护、污水收费等各项工作提供依据。测量流量方法很多，主要根据水力学原理、排水设施水流情况，尽量符合水力学规定的水流条件，因地制宜地选用。

一般可以利用现有的排水设施，形成无压力的均匀水流，测定流速、计算水流量。另外，也可利用泵站的专用流量计等测量水流量。

（2）地面积水与滞水的形成和解决途径。降雨时，由于排水设施养护不善及原来排水系统排水能力遭到破坏，往往出现地面积水与滞水的不良现象，这就是整个排水系统养护与管理工作出现问题而产生的后果。此问题的解决，从养护管理角度来讲，在于恢复、完善与提高原有排水系统的排水能力和修建新的排水系统。关于排水系统的排水能力情况可从两个方面来管理：一要使排水系统的最大排水能力必须大于当地最大降雨量所形成的最大流量，以不出现积水和严重长时间滞水为原则，适应和满足此地区排水的需要；第二，若排水系统最大排水能力小于实际最大降雨量所形成的最大流量，不能适应与满足排水要求，出现不同程度积水与滞水，应事先做好预报工作，及早采取防范措施，减轻危害程度。条件允许，也可设置调节池系统（图 3-2）。

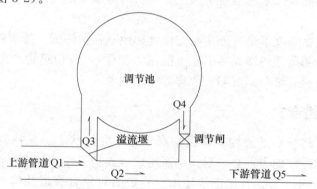

图 3-2　排水调节池系统示意图

3.3　排水管道养护技术

排水管道及其构筑物，在使用过程中会不断损坏，如污水中的污泥沉积淤塞排水管道、水流冲刷破坏排水构筑物、污水与气体腐蚀管道及其构筑物、外荷载损坏结构强度等。

3.3.1　排水管道的病害

1. 污泥沉积淤塞作用

排水管道中各种污水水流含有各种固体悬浮物，在这些物质中相对密度大于 1 的固体物质，属于可沉降固体杂质，如颗粒较大的泥沙、有机残渣、金属粉末，其沉降速度与沉降量决定于固体颗粒的相对密度与粒径的大小、水流流速与流量的大小。流速小、流量大而颗粒相对密度与粒径大的可沉降固体，沉降速度及沉降量大、管道污泥沉积快。因为管道中的流速实际上不能保持一个不变的理想自净流速或设计流速，同时管道及其附属构筑物中存在着局部阻力变化，如管道分支、管道转向、管径断面突然扩大或缩小，这些变化愈大，局部阻力和局部水头损失，对降低水流流速影响愈大。因此，管道污泥坑积淤塞是不可避免的，问题的关健是沉积的时间与淤塞的程度，它取决于水流中悬浮物含量大小和流速变化情况。

2. 水流冲刷作用

水流的流动，将不断地冲刷排水构筑物，而一般排水工程水流是以稳定均匀无压流为基础的，但有时管道或某部位出现压力流动，如雨水管道瞬时出现不稳定压力流动，水头变化处的水流及养护管道时的水流都将改变原有形态，尤其是在高速紊流情况下，水流中会有较大悬浮物，对排水管道及构筑物冲刷磨损更为严重。这种水动压力作用结果，使构筑物表层松动脱落而损坏，这种损坏一般从构筑物的薄弱处如接缝，受水流冲击部位开始而逐渐扩大。

3. 腐蚀作用

污水中各种有机物经微生物分解，在产酸细菌作用下，即酸性发酵阶段有机酸大量产生，污水呈酸性。随着二氧化碳、氨气、氮气、硫化氢产生，并在甲烷细菌作用下二氧化碳与水作用生成甲烷，此时污水酸度下降，此阶段成为碱性发酵阶段。这种酸碱度变化及其所产生的有害气体，腐蚀着以水泥混凝土为主要材料的排水管道及构筑物。

4. 外荷载作用

排水管道及构筑物强度不足，外荷载变化（如地基强度降低、排水构筑物中水动压力变化而产生的水击、外部荷载的增大而引起土的压力变化），使构筑物产生变形并受到挤压而出现裂缝、松动、断裂、错口、沉陷、位移等损坏现象。

3.3.2 排水管道检查

如上所述，为了使排水系统构筑物设施经常处于完好状态、保持排水通畅、不积水淤泥、发挥排水系统的排水能力，必须对排水系统进行养护工作。排水管道养护工作的目的就是为了保持排水系统的排水能力和正常使用，养护的对象有管道及检查井、雨水口、截流井、倒虹吸、进出水口、机闸等管道附属设施。养护工作内容包括排水管道设施定期检查、日常养护、附建物整修、附建物翻建、有毒有害气体的监测与释放、突发事件的处理等。在不同的季节，如旱季、雨期、冬期的不同，排水管道水量和水质也会有不同，因此随着季节的变化，排水管道养护工作内容和重点也会有所不同。

排水管道日常养护工作内容包括排水管道设施检查、清洗、疏通、维修等，现将日常养护工作情况分述如下。

1. 设施检查方法

排水管道的设施检查一般采用现场检查、水力检测及排水管道检测仪检查等方法，其中现场检查可分为井上检查与井下检查。

井上检查包括进出水口、雨水口、沟渠等地面排水设施完好程度、排水系统中地面雨水状况、生活污水与工业废水的水质水量变化等情况。井下检查包括地下排水设施完好状况、地下管道及各种构筑物是否处于正常使用状况、排水能力与效果是否合格。

如果需要进行井下检查作业，必须将检查的井段相邻井盖打开，自然通风换气 30min；

打开的井盖必须有专人看管，或设置明显标志，遇有死井、死水、死沟头地段需用送风机以人工送风方式向管道进行通风换气工作。

下井工作人员必须了解管沟中的水质、水深、流速、流量情况，必要时事先经过化验测定出污水中有毒有害物质的成分，在下井前做好防毒、防火、防淹、防窒息的工作。

因为长期密封的污水管道，由于污水中的有机物质（人畜粪便、动植物遗体、含有机物的工农业废渣废液）在一定温度、湿度、酸性和缺氧条件下，经厌氧性微生物发酵，有机物质会腐烂分解而产生沼气（甲烷），这是一种无臭易燃的气体，同时也可能产生一氧化碳、硫化氢、氨气等有毒性气体使人中毒或缺氧窒息，因此下井前必须用有关气体监测仪或排水管道气体监测车进行有毒有害气体的检测，下井时必须有相应的安全措施，如佩戴防护设备和防护绳，不得带有任何明火下井。井下采用手电筒照明或用平面镜子反射阳光方法进行照明，地面上有专门监督执行保护安全操作的人员。

排水管道的水力检测主要是检测管道内水流的流速、流量以及管道的充满度。

对于管道内结构的损坏，尤其是一些管径小、井距长的管道，人工检查难度较大，就需要引进新的检测设备，如闭路电视检测车（CCTV）、排水管道检测仪等，对管线是否直顺、有无渗漏、接口是否完好、管道腐蚀程度等均能提供确切的证据。

每一次检查均须作好详细记录，以此作为设施养护维修的依据。

2. 设施检查内容

（1）排水管道设施各部位结构完好情况：检查井（盖座、井筒、踏步等）、雨水口、进出水口、管道等是否完整，有无损坏现象。

（2）管道中水流通畅情况：了解污水管道充满度和变化系数，雨水、合流管道的满流和溢流期，测量管道流速流量，查看管道存泥情况。

（3）检查井及雨水口的淤塞和清洁程度。

（4）倒虹吸、截流井、跌水井（或泵站）、机闸的运行使用情况（表 3-8）。

表 3-8　排水管道检查的内容

序号	设施种类	检查方法	检查内容
1	管道	井上检查	违章骑压、地面塌陷、水位水流、淤积情况
		井下检查	变形、腐蚀、渗漏、接口、树根、结构等
2	雨水口及检查井	井上检查	违章骑压、违章接入、井盖井座、雨水箅子、踏步及井墙腐蚀、井底沉泥、井体结构等
3	明渠	地面检查	违章骑压、违章接入、边坡稳定、渠边植被、水位水流、淤积、涵洞、挡墙结构等
4	倒虹吸	井上检查	两端水位差、检查井、闸门或挡板等
		井下检查	淤积腐蚀、接口渗漏等

3. 检查方式

主要是定期和不定期的检查，并将检查的结果与原始情况进行记录。

（1）定期检查：指在一定期限内进行检查，如年度、季度、月度等检查。

（2）不定期检查：指在有特定情况下所进行的检查，如在汛前、汛中、汛后及重要保障活动期间，对设施的使用与突发性损坏、水质水量的变化等。

3.3.3 保洁疏通

排水管道设施日常维护项目一般包括排水管道疏通保洁、清理附建物、翻新整修附建物及支管等。

1. 冲洗保洁工作

包括雨水口、检查井及管道三部分，因为这些部位在使用过程中随时有沉淀物沉积下来，尤其是转弯井、跌水井后面、接入很多支线的管段、污水流速由大变小的管段等，这些沉积物如不及时清除，积泥愈积愈多，将会逐渐堵塞管道，降低管道的排水能力，直至使管道丧失排水能力。沉积物的程度一般用管道存泥度来反映。

$$管道存泥度 = \frac{管道中泥深（h）}{管道断面高度或直径（D）} \tag{3-3}$$

《城镇排水管渠与泵站维护技术规程》中规定，管道的允许积泥深度为管径的 1/5；检查井的允许积泥深度为主要管径的 1/5。当积泥深度超过上述要求时，应进行冲洗疏通。

2. 水力冲洗

水力冲洗的原理是通过提高管道中的水头差、增加水流压力、加大流速和流量来清洗管道的沉积物，就是用较大流速来分散或冲刷掉管道污水中可推移的沉积物，用较大流量挟带输送污水中可沉积的悬移物质。人为加大的流速流量，必须超过管道的设计流速和流量，才有实际意义。各种粒径的泥砂在水中产生移动时所需的最小流速见表 3-9。

表 3-9　沉积物移动的最小流速表

沉积物	产生移动的最小流速（m/s）
粉砂	0.07
细砂	0.2
中砂	0.3
粗砂（<5mm）	0.7
砾石（10～30mm）	0.9

按上述原理，管道水力冲洗的条件是：有充足的水量，如自来水、河水、污水等；水量、管道断面与积泥情况要相互适应；管道要具有良好的坡度等条件。管径 $D200 \sim D600$ 的管道断面，具有最佳冲洗效果。

在任一条管道上冲洗应从上游支线开始，冲洗干线，水从上游开始，在一个系统中。有条件时，可在几条支线上同时冲洗，将支线水量汇集并备好吸泥车配合吸泥。

按采用的水源，可分为污水自冲、自来水冲洗、河水冲洗。

（1）污水自冲

在某一管段，根据积泥的情况，选择合适的检查井作为临时集水井，用管塞子或橡胶气堵塞下游管道口，待管塞内充气后，将输气胶管和绳子拴在踏步上。当上游管道水位涨到要求高度后，突然拔掉管塞或气堵，让大量污水利用水头压力加大流速来冲洗中下游管道。这种冲洗方法，由于切断了水流，可能使上游沟段产生新的沉积物。但在打开管塞子放水时，由于积水而增加了上游沟段的水力坡度，也使上游沟段的流速增大，从而带走一些上游沟段中的沉积物（图 3-3）。

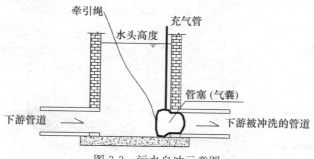

图 3-3　污水自冲示意图

（2）冲洗井冲洗

在被冲洗的管道上游，兴建冲洗井，依靠地形高差使冲洗井高程高于管道高程管道，以制造水头差来冲洗下游。一般把冲洗井修建在管道上游段，管径较小、坡度小不能保证自净流速的管段，通过连接管把冲洗井与被冲洗的管段相互连接起来。冲洗井的水可利用自来水、雨污水、河湖水等作为水源，以定期冲洗管道（图 3-4）。

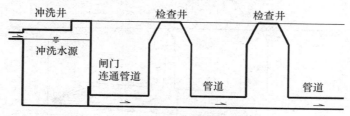

图 3-4　冲洗井冲洗示意图

（3）机械冲洗

机械冲洗是采用高压射流冲洗管道，将上游管道淤泥冲到下游管道上修建的沉泥井中，最后利用真空吸泥车将沉泥井的积泥吸入车内运走。

a. 高压水冲车冲洗。高压水冲车用汽车底盘改装，由水罐、机动卷管器、高压水泵、高压胶管、射水喷头和冲洗工具等部分组成。其工作原理是用汽车引擎供给动力、驱动高压水泵，将水加压通过胶管到达喷头，将喷头放在需冲洗管道下游口。喷头尾部有射水喷嘴（图 3-5）。

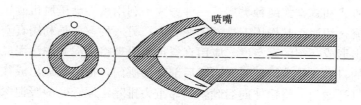

图 3-5　喷头构造示意图

水流由喷嘴中射出，产生与喷头前进方向相反的强力水柱，喷射在四周泥砂或管壁上，借助所产生的反作用力，推动喷头与胶管前进。根据试验，当水泵压力达到 6MPa 时，喷头前进推力可达 190～200N，喷出的水柱冲动着管内沉积物使其松动，成为可移动的悬浮物质流向下游沉泥井中（图 3-6）。

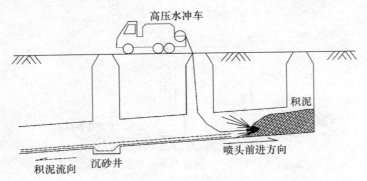

图 3-6　喷头前进冲洗示意图

当喷头走至管口时，减少射水压力，卷管器自动将胶管抽回，同时边卷管边射水，将残存的沉淀物全部冲刷到沉砂井中。如此反复冲洗，直到管道冲洗干净后再转移到下游沟段作业（图 3-7）。

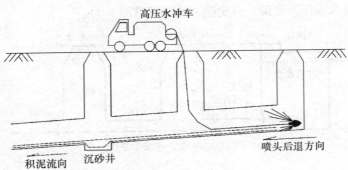

图 3-7　喷头返回冲洗示意图

高压水冲车的作业位置，要随着管道的淤泥状况而有所不同。当水流完全不通，处于阻塞状态时，要从管道的最下游井段开始，高压水冲车放在清洗管道下游检查井下侧；当污水还能流动时，要从管段的上游井段开始，高压水冲车放在清洗管段下游检查井的下侧。冲洗作业要根据管径的大小，选用适用的喷头和射水压力。

b. 吸泥车使用

吸泥车有风机式和真空式两种类型，一种方式是利用离心高压风机旋转，使吸污管口处产生高压高速气流，污泥在其作用下被送入泥罐内；另一种方式是利用真空泵，通过气路系统把罐内空气抽出形成一定的真空度，应用真空负压原理将沉泥井中污泥经过进泥管口吸入罐内，达到吸泥的目的。排放污泥时开启罐后部球形阀门，把污泥放出或往罐内充气，先将污水喷出，然后打开端门，将罐体向后倾斜，靠重力排除污泥。一般吸泥深度的有效吸程为 6～7m。

综上所述，排水管道冲洗保洁工作，具体采用单一或综合方法，必须根据当地构筑物实际情况、管径大小、管道存泥状况和设备条件而定，这也是属于在管道养护工程中的一项设计工作。

3. 掏挖疏通

当管道积泥过多甚至造成堵塞时，一般的冲洗方法解决不了，必须对管道进行掏挖来清除积泥堵塞物。此项工作往往是由于日常养护冲洗工作不及时或管理不善、意外故障等原因造成。

（1）绞车疏通法

在需要疏通的井段上下游井口地面上，分别各设置一个绞车（人工绞车或机动绞车），将 5～6cm 宽的竹片衔接成长条，用竹片相邻检查井连通一个井段，竹片的作用是使钢丝绳穿过管道，把钢丝绳两端连接上通沟工具。这些工具一般可分为三种类型（图 3-8）。

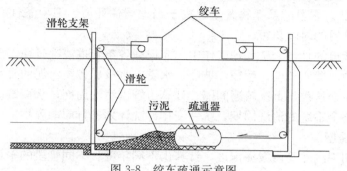

图 3-8　绞车疏通示意图

第一种：能耙松积泥的耙犁工具，如铁锚（图 3-9），对坚实沉积物有较好的松动效果；用薄钢片制成的弹簧拉刀，可将树根、破布拉断（图 3-10）。

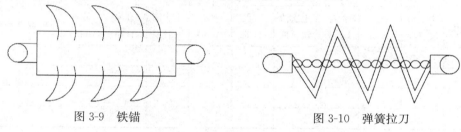

图 3-9　铁锚　　　　　　　　　图 3-10　弹簧拉刀

第二种：起推移清除积泥作用的疏通工具，如泥刮板。

第三种：起清扫作用的刷扫工具，如管道刷子等（图 3-12）。

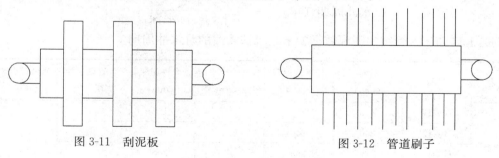

图 3-11　刮泥板　　　　　　　　图 3-12　管道刷子

如上所述，按管道积泥具体情况，分别使用这些工具，这种方法一般适用于中小型管道。

（2）人工掏挖

一般不能用绞车疏通掏挖的管段、附建物和较大的管道，均可采用人工掏挖作业方式，但人工掏挖时的井下作业，必须遵守井下安全作业守则。

3.3.4 养护周期

为了做好管道的养护工作，必须了解管道内积泥的基本规律，它取决于以下两个因素：

第一，管道积泥快慢程度，与管道内污水的实际流速、流量成反比。

第二，管道积泥快慢程度，与进入管道内污水中的可沉降固体悬浮物含量（一般可用 SS 值表示）成正比。水里的悬浮物含量取决于当地居住环境、卫生条件、地面铺装覆盖状况以及水流进入管道的时间长短。

因此在排水管道的日常清洗养护工作中，应记载各条管道清洗日期，出泥数量和清洗周期，并根据管道的位置、长度、管径、坡度、水质、水量、各类污泥的含水率，预测出管道内的积泥深度，结合这次与上次疏通间隔，计算出管道清洗周期，从而掌握所有管道系统的积泥规律，确定整个系统的清洗周期，统一安排冲洗计划进行周期养护。

1. 确定水冲周期

根据不同时期观测的管内淤泥深度，计算出不同年度、不同管段的平均泥深。然后取最近连续三年的泥深平均值作为养护单元管道的积泥深度代表值（表 3-10）。

表 3-10 查泥表

管线名称	管段	管径(mm)	第一年			第二年			第三年			平均泥深(mm)	备注
			上次清洗日期	查泥日期	泥深(mm)	上次清洗日期	查泥日期	泥深(mm)	上次清洗日期	查泥日期	泥深(mm)		

根据养护规范和养护方案，确定管道的允许积泥深度。

用允许积泥深度，除以年平均积泥深度，得出水冲周期。

$$水冲周期（年）=\frac{允许泥深}{一年平均实际泥深} \tag{3-4}$$

【例题】已知××管线的泥深数据如下，求该管线的月水冲周期？

管线名称	管段	管径(mm)	年平均泥深(mm/年)	相同管径平均泥深(mm/年)	允许泥深(mm)	各管段水冲周期(年)	管线综合周期(年)
××管线	A管段	800	225		160		
	B管段	800	240	233	160		
	C管段	1000	255		200		
	D管段	1000	260	258	200		
	E管段	1200	281		240		
	F管段	1350	310		270		

解：根据公式 3-4，计算该管线水冲周期（年）数据如下表：

管线名称	管段	管径 （mm）	年平均泥深 （mm/年）	相同管径平均 泥深（mm/年）	允许泥深 （mm）	各管段水冲 周期（年）	管线综合 周期（年）
××管线	A管段	800	225		160	0.71	0.78
	B管段	800	240	233	160	0.67	
	C管段	1000	255		200	0.78	
	D管段	1000	260	258	200	0.77	
	E管段	1200	281		240	0.85	
	F管段	1350	310		270	0.87	

管线的综合周期（年）＝（0.71＋0.67＋0.78＋0.77＋0.85＋0.87）÷6＝0.78（年）

管线的月水冲周期＝0.78×12＝9.3（月）

因此，这条管线冲洗周期为9～10个月。

2. 影响水冲周期稳定性的因素

（1）淤泥来源、污水性质对管道积泥影响较大，与水冲周期有直接关系，必须调查清楚，不断积累，分析资料。

（2）一般情况下，合流制管道在夏季突然性的暴雨排入管道，加大管内流速起到自清作用，达到冲洗效果。应摸清此规律，充分考虑这个因素，利用暴雨集中排放的有利条件疏通管道，可以延长水冲周期。

（3）中途泵站、出口泵站的排水状况直接影响管内淤泥的沉积，要根据管道的水力条件，科学地规定水位高程和开泵时间，保持管道的正常水位排水，就可以减少管内积泥。

（4）保持水冲周期相对稳定，必须加强排水设施管理，加强工业废水管理和接入户线的管理，控制工业废水乱排放，防止居民生活污水乱泼乱倒。加强各种排水构筑物的维护保养，防止腐蚀损坏，提高使用率。

（5）适当改善一些居民区卫生条件，结合每个地区实际情况有些居民区卫生设施不健全，雨污水串流现象严重，特别是沿街住户没有污水池，生活污水随意排放，流入雨水口内，污染河道，增加了管内积泥数量，减小了水冲周期，增加了水冲次数，因此在排污设施不完善的居民区，应合理增加修建污水池、污水支管等。

3.3.5　管道维修

为了提高排水管道构筑物耐久性，延长排水设施的使用寿命，对排水构筑物出现的各种损坏状况应及时进行维护与修理。

1. 维修方法

根据设施的损坏情况将养护维修工程项目进行分类，分别为整修、翻修、改建、新建等。

（1）整修工程，指原有排水管道设施，遭受到各种局部损坏，但主体结构完好，经过整修来恢复原设施的完整性。

（2）翻修工程，指原有排水管道设施，遭受到的结构性破坏或主体结构完全损坏，必须经过重新修建以恢复原有设施的完好性。

（3）改建工程，指对目前原有排水管道设施等级现状进行不同规模的改造和提高，使原有排水管道设施能适应当前和以后排水方面的需要。一般指使用年限长、全线腐蚀损坏严重，且在管线高程、位置、结构等方面存在不合理或不满足技术要求的现象，而以普通的养护手段无法达到排水技术标准和功能标准，并影响其排水效能的管段，应对其进行改造。

（4）新建工程，指完善原有排水管道排放系统，发挥设施排水能力所实施的工程。

同时，按照维修工程规模大小（以工程量和工作量）划分，可分为大修、中修、小修和维护等类别。

2. 维修工作内容

（1）雨水口

a. 有下列损坏情况影响使用与养护应进行维修：雨水箅子损坏、短缺、混凝土井口移动损坏、井壁挤压断裂、位置不良或短缺、深浅不适、高低不平等。

b. 一般维修项：升降雨水口：雨水口高程不适宜，雨水口周围附近路面有积水现象或路面平整度受到影响。

整修雨水口：混凝土井口错位、移动、损坏，箅子损坏短缺、井壁底砖块和水泥抹面腐蚀、松动、脱落、雨水口被掩埋、堵塞等。

翻修雨水口：井壁挤压断裂损坏、深浅不适等。

改建雨水口：原雨水口位置不合理、类型数量不适宜等。

新建雨水口：原地面雨水口短缺，需要新添加雨水口。

（2）雨水支管：由于翻修、改建、新建雨水口而发生的雨水支管翻修、改建、新建的工程。

翻修雨水支管：指原雨水支管位置、长度、管位不变，只是埋深和坡度的改变。

改建雨水支管：指原雨水支管位置、长度、管径、埋深、坡度都可以有改变。

新建雨水支管：指原地位置没有任何雨水支管，需新修建雨水支管工作。

（3）进出水口：当翼墙、护坡、海漫、消能设施等部位受到冲刷挤压而出现断裂、坍陷、砖石松动、勾缝抹面脱落、错动移位影响到设施的完整使用和养护时，均需按损坏情况进行整修与改建工作。

（4）检查井

有下列损坏情况，影响使用与养护工作应进行维修：井盖井口井环损坏、错动、倾斜、位移、高低不适，井内踏步松动、短缺、锈蚀；流槽冲刷破损、抹面勾缝脱落；井壁断裂、腐蚀、挤塌、堵塞、井筒下沉等。

新建检查井：原管道上检查井短缺，根据使用与养护需要而新建的检查井。

一般维修项目：

整修油刷踏步：对踏步松动、缺损和锈蚀的维修。

更换井盖：对井盖、井换缺损或原井盖不适宜使用者。

升降检查井：指井高程不适宜，影响路面平整与车辆行驶或日常养护工作。

整修检查井：检查井的井盖错动倾斜位移，井壁勾缝抹面脱落、断裂、井中堵塞。

翻修检查井：井筒下沉，井壁断裂错动或挤塌，将井在原位置进行重建。

改建检查井：井位置不良或类型、大小、深浅、高程已不适应使用与养护工作要求。

（5）管道

管道有下列损坏情况，影响使用与养护应进行维修：堵塞淤死、腐蚀、裂缝、断裂、下沉、错口、反坡、塌帮、断盖、无底、无盖等。

一般维修项目：

整修管道：原管道堵塞、裂缝、断裂、错口、勾缝抹面脱落、塌帮、断差等局部损坏应进行整修工作。

翻修管道：原管道淤死、腐蚀、反坡、沉陷、断裂、无底、无盖等严重损坏，将在原位置、原状重新修建。

改建管道：原管道位置不良或原断面形状尺寸、深浅高程等已不适应使用与养护要求。

新建管道：原地点位置没有管道，按使用与养护工作需要新建管道系统。

3.3.6　重点设施的养护

为了排除污水，除管道本身外，还须有管道系统上的某些附属构筑物，这些构筑物包括雨水口、连接暗井、溢流井、检查井、跌水井、倒虹吸管、冲洗井、防潮门、出水口等。在排水系统中，有一些设施对整个排水系统的正常使用有重大的影响，并且在使用中容易出现问题，因此要在维护时作为工作重点加以关注。

1. 倒虹吸管

排水管遇到河流、山涧、洼地或地下构筑物等障碍物时，不能按原有的坡度埋设，而是按下凹的折线方式从障碍物下通过，这种管道称为倒虹吸管。倒虹吸管由进水井、下行管、平行管、上行管和出水井等组成。倒虹吸管一般为双孔，一孔为使用管，另一孔为备用管（图 3-13）。

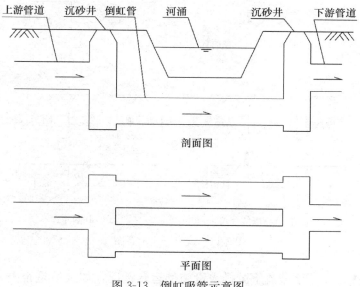

剖面图

平面图

图 3-13　倒虹吸管示意图

由于倒虹吸管位置低，容易积泥，也比一般管道清通困难，因此必须采取各种措施来防止倒虹吸管内污泥的淤积。一般可采取以下措施：

（1）提高倒虹吸管内的流速。

（2）在进水井中设置可利用河水冲洗的设施。

（3）在进水井或靠近进水井的上游管渠的检查井中，在条件允许时，可以设置事故排放口，当需要检修倒虹吸管时，可以让上游污水通过事故排放口直接排入河道。

（4）在上游灌渠靠近进水井的检查井底部做沉泥槽。

（5）为了调节流量和便于检修，在进水井中应设置闸门或闸槽，有时也用溢流堰来代替，进、出水井应设置井口和井盖。

（6）倒虹吸管的上行管与水平线夹角应不大于30°。

由于倒虹吸管的特殊性，要加强日常的检查，定期用高压射流车进行冲洗，及时打捞漂浮物，关闭备用的一孔虹吸管。

2. 截流设施

在城市排水中，由于排水系统的限制，有些管道是合流管，既排雨水也排污水，最后都流入了河流，对水体的污染很大。当排水系统逐渐完善后，为了减少对水体的污染，需要将合流（或雨水）管道中的污水截入纯污水管线，最后进入污水处理厂，经处理后，再排入水体。而下雨时，雨污混合水在截流管满流后，越过截流堰或截流槽，流入水体。在晴天保障了污水不污染自然水体，在雨天保障了雨水排除通畅，但还是不能彻底解决污染自然水体的缺点。

截流的主要形式有：堰式、槽式、槽堰结合式、漏斗式（图 3-14）。

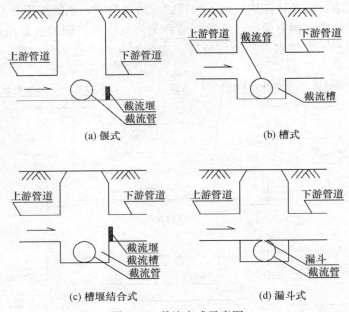

图 3-14　截流方式示意图

养护截流设施，要了解截流下游排水设施的运转情况，如泵站是否提升、水是否倒灌，并经常检查截流管是否堵塞，定期清理井内以防堵塞截流管。

3. 出水口

一般在排水管渠的末端修建出水口，出水口与水体岸边连接处应采取防冲、加固等措施。一般用浆砌块石做护墙和铺底，在受冻胀影响的地区，出水口应考虑用耐冻胀材料砌筑，其基础必须设置在冰冻线以下。

出水口的形式一般有淹没式、江心分散式、一字式和八字式。

如果出水口损坏，要进行整修翻修时，要根据损坏的部位，确定维修的方法，自上而下拆除旧损的砌体，按原设计形式和尺寸进行恢复。出口如被淹没，在施工前必须做好围堰。修理海漫不能带水作业，须采取技术措施把水导流后方可施工，海漫处于流沙地段的采用打梅花桩等技术方案进行施工，以保护海漫的稳固。

4. 闸门井

临河或邻海的地区，为了防止河（海）水倒灌，在排水管渠出口上游的适当位置设置装有防潮门（或平板闸门）的检查井（图 3-15）。

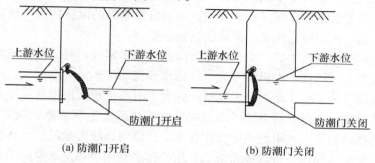

(a) 防潮门开启　　　　　　　　(b) 防潮门关闭

图 3-15　带防潮门的检查井

防潮门一般为铁制，其座子口部略带倾斜，倾斜度一般为 1：10～1：20。当排水管渠中无水时，防潮门靠自重密闭。当上游排水管渠来水时，水流顶开防潮门排入水体。涨潮时，防潮门靠下游潮水压力密闭，使潮水不回灌入排水管渠。设置了防潮门的检查井井口应高出最高潮水位或最高河水位，或者井口用螺栓和盖板密封，以免潮水或河水从井口倒灌至市区。

闸门养护先要了解清楚闸门形式及技术状况，以便有针对性地进行维护。一般情况下每个季度汛期每个月对闸井内的启闭机进行一次清洗、涂油（包括启闭机外壳、螺杆启闭机丝杠、卷扬启闭机的钢丝绳、闸门、导轮），同时要检查各部件的运转情况，电动机闸要检查电路的绝缘情况。下到井内进行维护时，要遵守排水管道安全操作规程，并详细记载闸门启闭时间、水位差、闸门启闭机的运转情况等。

3.3.7　季节性养护

季节性养护就是把经常性养护内容根据季节情况特点，科学地组织排水管道构筑物及整个排水系统的养护工作，确定出养护的规律性与周期性，是提高养护管理工作水平的关键。

干旱时期，应进行管道的冲洗保洁工作和完善排水管道设施与排水系统，如添建支线和附属构筑物等。

寒冷时期，应对管道系统构筑物进行疏通掏挖，确保管道通畅。

潮湿时期，应整修排水系统构筑物，以维持完好状况。

汛期养护的根本目的在于发挥排水系统与构筑物的最大排水能力，保证汛期排水的安全性，如水量的控制与渲泄，包括水流方向、水流流速和水的流量大小等以及排水系统地区内的积水与滞水状况。

1. 汛期养护工作的要点

（1）充分了解当地排水系统的最大排水能力，掌握排水系统的管道性质、水流方向、断面大小、排水范围、附建物状况以及管渠完好率、使用和养护等方面的情况。

（2）在防汛期间，做到"雨情就是命令"，及时出巡，打捞雨水口上的杂物。

（3）对雨中和雨后排水系统的排水能力及积滞水状况进行观测，考察原排水系统设计标准和泄水能力，积累资料。汛后通过对资料的分析，对存在问题的排水系统采取修理恢复和改建工作。

2. 汛前准备工作

在汛期到来之前，要将整个地区的排水系统，包括管道、进出水口、雨水口、机闸等进行检查、疏通、掏挖、维修，保证正常使用。通过日常掌握的设施情况，确定重点积滞水地区，采取预防措施，制定应急预案。采取的措施一般有：

（1）增加雨水支线及雨水口。根据往年雨期的积滞水情况，对因缺少雨水支线和雨水口等排水设施造成积水的地区，在汛前完成增加排水设施的工作。

（2）建雨水调节池。由于降雨最大流量一般发生时间很短，根据这一特点，在雨水管道上游可利用天然洼地、池塘、可分流的沟渠或临时建造的人工调节池，调节雨水管道流量。其作用是在降雨高峰期将雨水引进池中暂存起来，待降雨高峰流量过后，再将池内蓄水陆续向下游排泄。这种调节作用，可以提高雨水管道的排水利用率和雨水泵站的负荷量，因而应用较广，并且一般在管道设计时就已考虑进去。

（3）建立临时排水与防护构筑物。为了保护排水设施中某些重要构筑物，如水泵站、进出水口等免遭水毁，保护街道、工矿企业、居民区等免遭水淹危害，可采取各种防水抢险措施，主要是修建临时围堰。围堰是一种临时挡水防护构筑物，因此要求它具有坚固、稳定、不透水等性能。围堰种类很多，可按情况来选择合理形式。通常采用的有土围堰、草袋围堰等。

（4）防汛材料设备的准备。在汛期来临之前，根据设施情况，要准备一定数量的应急抢险材料，如木板、方木、草袋、砂石料、各种规格预制盖板等，存放在适当的位置，同时还要准备一定数量工况良好的水泵、发电机等，一旦出现险情时，材料与设备能及时到达现场，投入使用。

3. 汛期排水安全工作

（1）降水时雨水口箅子和检查井均不宜打开，在必要时，一定要有明显标志、专人看护，防止行人、车辆发生意外。

（2）对闸门的启闭必须按照控制运行要求与上级指示执行。

（3）在降雨过程中和降雨后一段时间内，任何人员不得下井和下到进出水口、明渠等处进行维护作业与检查工作。

（4）发现险情应及时进行防护与抢修，并立即上报，必要时要有专人防守，以防险情扩大或危及行人车辆及建筑物的安全。

3.4　排水管道养护机械设备

排水管道养护机械可分为两大类，一类是通用机械，例如：土方机械（挖掘机等）、运输机械（自卸汽车、机动翻斗车）、压实机械（压路机、平板振动夯、蛙夯等）、破碎机械

（液压破碎锤、风镐等）、起重机械、排水机械（各类水泵）。另一类是排水管道专用机械，例如：机动绞车、排水管道冲洗可移动式高压冲洗机、排水管道联合疏通车、监测设备（通风气体监测设备、电视检查车）等。

1. 机动绞车

下水管道疏通中，对于小的管径和狭窄街巷及特殊的环境无法使用其他排水管道疏通设备时，一般使用机动绞车拉泥疏通。因此，机动绞车在排水管道养护施工中应用非常广泛。

机动绞车根据动力不同可分为电动绞车（由电瓶车电瓶驱动直流电机式或交流电机外接电源式）、内燃机绞车（由柴油机或汽油机作为动力源）。机动绞车根据传动方式不同，可分为机械式（由机械传动）和液压式（由液力流传动）。机动绞车根据行走方式不同，可分为牵引式、车载式和自动行走式。

机动绞车一般由以下部分组成（图 3-16）：

（1）动力部分（电动机、内燃机和汽车发动机）。

（2）传动部分（离合器、变速器、分动箱、传动轴等，液压传动的包括液压油箱、液压泵、液压电机、各种阀和液压油缸）。

（3）减速部分（减速器、行星齿轮等）；

（4）工作部分（卷筒、钢丝绳、制动器和排序装置等）。

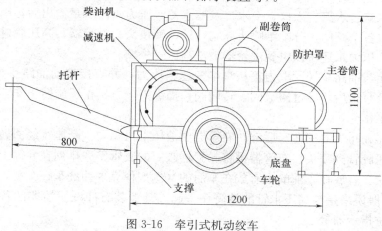

图 3-16　牵引式机动绞车

绞车的辅助工具包括竹片、玻璃钢"竹片"和排水管道引绳器。

（1）竹片在排水管道养护施工中用于机动绞车疏通排水管道时解决穿绳问题。

（2）玻璃钢"竹片"是利用半刚性玻璃钢材料制成的。既可卷盘，又可伸直穿通管道。

（3）排水管道引绳器是为了解决用人力穿竹片问题而研制的，有电动式、气动式、履带式、支撑式等。排水管道引绳器无论何种形式，一般是由动力装置、连接装置、行走装置、控制装置和监视装置等。现在由于技术还不先进，排水管道引绳器的技术还不成熟，排水管道养护的实际情况，使排水管道引绳器使用得不是很广泛。

2. 高压射水车

高压射水车又称冲洗车，是单功能排水管道疏通冲洗设备。国内有用解放汽车底盘生产的解放冲洗车，有用五十铃汽车底盘生产的 BGJ5060GQXA 清洗车，有用东风汽车底盘生产的 BGJ5110GQ 型清洗车。国外有用福特汽车底盘生产的伐克多冲洗车和阿科泰克冲洗车。在工作装置的水路总成中，高压水泵有用往复式活塞水泵，也有用三柱塞水泵。在这部分侧重于讲冲洗车的工作装置的油路、水路、喷头选择等。

冲洗车的工作原理是，利用原车动力，从取力箱把动力通过胶带（也有通过液压控制系统）传给高压水泵，使高压水泵工作。从水泵出水口压出的高压水流通过胶管到喷头后形成多向高压水柱，以一定的角度喷到排水管道管壁上起到清洗疏通排水管道的作用。同时利用流体对排水管道管壁的反作用力推动喷头在下水管道中前进。达到目的后，喷头在卷管器的拉力作用下，被强制后移。高压水射流束清洗下水管子的内壁，将污物带至井口，从而达到清洗管道的目的。

冲洗车可以用来清洗排水管道沉积泥沙，可以打通排水管道堵塞，可以清洗雨水口、检查井、过河倒虹吸管，也适用于清洗各种构筑物。它的结构简单，液压传动，备有各种喷头、喷枪，使用范围广泛。一般情况下水压、排水量适当，冲洗效果较好，并可降低排水管道维护费用。

冲洗车的工作装置主要组成部分：

（1）动力部分：由汽车变速箱，经取力箱通过传动轴和胶带（也有通过液压控制系统的）传给高压水泵。

（2）水泵：三柱塞水泵或往复式泵。

（3）水箱水路：水罐有入口、上水口及滤水器。压力水由水泵输出后，由溢流阀控制压力，集水器通过各个阀门，分配给喷头球阀，经回转接头、卷管器、高压管进入喷头或喷枪进行冲洗工作。压力水还可以供到洗管器清洗高压管外壁。

（4）取力箱与油路系统：取力箱从汽车变速箱取力，并直接带动油路系统的齿轮油泵，高压油经齿轮泵泵出后，经过溢流阀、转向阀，操纵液压电机正反旋转工作，以驱动卷管器进行收放管的工作。

（5）卷管器和布管器安在车后部，卷管器由液压电机驱动。高压水经回转接头通过卷管器，并进入高压胶管到喷头。布管器可将卷管器收回的胶管整齐排列在卷筒上。

（6）操纵盘：有放在车前的也有放在车后的（例如伐克多冲洗车在车前，阿科泰克冲洗车在车后），一般说来是与高压水管的卷筒在一起。其上装有冲洗所需要的各种操纵杆和压力指示器、水位指示器等。

（7）喷头与喷枪：喷头分为组合式与整体式两种。组合式喷头分为前后两部分，喷嘴可拆卸、更换、调节水量，以适应各种作业。

整体式喷头又分为两种形式，前端有喷孔的适用于堵塞管道的疏通清洗；前端无孔的用于下水管道养护清洗。由于喷孔的孔径不同，数量的多少不同，故能选择不同的压力和流量。根据物理原则，压力取决于阻力。同时，在射流中压力与水流量成反比，即压力高、流量小；压力低、流量大。

排水管道清洗时水流量是主要的，为保证清洗也需要一定的水压力；排水管道疏通时水压力是主要的，为保证疏通也需要一定的水流量。因此冲洗（射流）车的压力一般选在 8～14MPa 之间。压力过大会损伤管道，还会损伤水泵。流量一般在 120～200L/min 之间。

3. 吸泥车

吸泥车是用于排水管道清理的单一功能特种车辆，它一般是由汽车底盘，通过传动装置，带动吸泥装置而进行吸泥作业，此车一般均有自带污泥罐并有自卸及清洗装置。根据汽车底盘不同可分为不同的类型。根据吸泥装置的不同，一般分为风机式吸泥车和真空式吸泥车两种。

（1）风机式吸泥车。该车利用汽车本身的动力源（有用单独发动机的），通过从变速箱上的取力变速装置把功率传给风机，使其高速旋转。通过风道、储泥罐、吸引管等装置，在吸引管管口处形成一种高速高压气流，物料在其作用下沿吸管被送入罐体内，经罐体内的分离过滤装置使介质留在罐内。过滤后的空气经风道被风机吸出，排入大气从而达到清污的目的。

风机式吸泥车的工作特点：

a. 不仅能清理水泥混合污物，也能清理雨水口半湿状、半干状污物。对板结物可以利用管口刀齿破碎后清理。

b. 排卸污物时，罐体液压控制自动倾斜，罐盖可自动打开，排污彻底，操作简单。

c. 该车吊杆在平面内可以回转，上下有行程。利用专用开关，可根据不同吸深要求，任意调整吸管高度。

d. 罐内有污水分离装置，可以有效地利用罐容积，提高功效。

e. 该车有压力水箱，可以利用清水清洗罐体及罐口。罐体内设置满量报警装置。

（2）真空式吸泥车。该车的工作原理也是利用汽车本身的动力，从该车本身的变速箱，通过取力箱的输出轴到皮带后传给真空泵，通过吸空管将污泥罐内的空气排除，使污泥罐内形成负压。这时，在吸管口处由于大气压力，将污物压入到处在负压状态的罐体内。真空泵连续的工作，污泥楼内保持负压，直到罐体内装满污泥。

真空式吸泥车的主要结构和组成与风机式吸泥车一般是相同的，不同的是真空吸泥系统。

真空式吸泥车所用真空吸泥系统一般组成有真空泵（包括泵体、泵轴、泵芯、叶片、弹簧等）、进排气道，安全阀、润滑油路、油水分离器、气水分离器、仪表等。真空泵可换方向，作为正压供气，利用压力（压水冲水）将水从水罐经水管排出。

真空式吸泥车吸管的工作位置与风机式不同，它要求使用时必须把管口插入泥水中以保持罐内的真空度。它最适合在水中捞泥作业，而风机式吸泥车适宜较稠的污物和干料。现在经过技术进步，新研制的风机式吸泥车也可以将专用吸管插入泥水中，抽吸污物，但使用效果明显不如真空式。

风机式吸泥车与真空泵式吸泥车，哪种先进现在还不能断言。风机式吸泥车开发得比较晚，技术体现与实际使用还有待于完善。一般来说在相同的条件下，风机式吸泥车的风机体积较大，配套的动力也较大，并且多安放在大型汽车底盘上，致使风机式吸泥车的工作场地较大。但是风机吸泥系统很简单，真空泵式吸泥车的真空吸泥系统，要求污泥罐密封度高，致使加工制造难度加大。总之，风机式吸泥车和真空泵式吸泥车各有所长，都有发展前途。

4. 联合疏通车

联合疏通车是排水管道养护综合作业车，是一种大型排水管道吸通、疏通、冲洗综合功能的联合作业车。它是把真空吸式吸泥系统和高压冲洗、疏通系统合在一起，并带有泥水分离装置，形成的联合作业体（图 3-17）。

伐克多 810 型排水管道联合疏通车，是专门设计供城镇雨、污水管道系统之用。该车附带所有一切清洗排水管道所需的设备，因此可以节省时间，并不需动用几辆专用车来作业，即可完成清洗排水管道的全部作业过程。

使用该车，只要从机上卸下喷嘴、导管（小喷管）和真空管，把高压水管的喷头放入管道检查井口内。该机具有强大有力的高压水泵，可用高压水来驱动喷头沿管道往前推进。在其独特的水压式水击作用下，高压泵送出的高压水流，通过喷头产生巨大的压力，击碎排水管道内的污物。污物在喷头喷出旋转高压水流的不断冲击下粉碎，然后沿着管道内壁回流到导管插入的检查井。污物便可被风机吸入机上的污泥罐内，且可自行卸出。这些作业是一次性同时进行完成的，它同时可清洗检查井和雨水口、附建物，还可以用于污水厂的清理作业、对各种道路标志的清洗及清除杂草等作业。

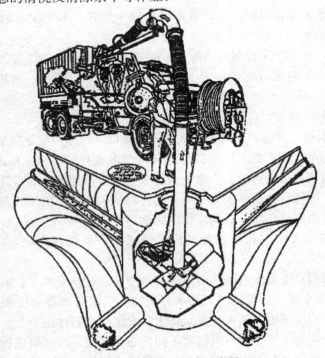

图 3-17 联合疏通车示意图

伐克多 810 型排水管道联合疏通车装有储水箱供高压水泵用水。高压水泵以汽车原发动机作为动力，靠液压系统操纵工作。车上还有风机吸泥系统，它由车上的辅机驱动，可在高压水冲洗管道的同时吸取污物。车上装有密封污泥罐，用以储、运、卸污泥。

伐克多 810 型排水管道联合疏通车仅需一人操作（作业中需要施工安全员、相邻井距观察员等），机上所有的控制开关，如高压水泵、高压软管、真空抽吸装置等均设在车前头，以保证操作人员人身安全。

下面分别介绍组成部分。

（1）污泥罐为圆形，由高强防腐钢板焊成，罐门用氯丁橡胶密封圈作门封，以防渗漏。罐身有一根排水管，芯在罐门上，使多余的污水由此排除。罐身外设有液量指示器，指示污泥是否装满。罐前方装有滤气屏，用于滤去空气中的灰尘，罐两侧装有卸泥用的液压油缸。污泥罐的自卸装置在车前右侧，以保证卸泥安全。

（2）水箱用钢板焊接成，内涂防锈层。水箱设有防虹吸作用装置，并有水位计，设在操作人员易于观察的位置。

（3）高压水泵（喷射冲洗）为往复式活塞水泵，该泵动作慢，但压水量大，既可达到工作目的，又可保护水泵减少磨损。此泵流量为 200L/min，压力为 14Mpa，设有调节阀可调节流量，工作流量过大可自动报警。操作人员可以在不改变发动机转速的情况下控制水泵开关，水泵往复一次约需 5s 左右。

（4）喷头与高压软管，高压软管及附件安装在独立支架上，并可在车架上卸开，卷筒向前或向后卷管是通过机构内设置的液压传动机构进行的，卷筒的转速及方向都是由操作人员控制。喷头的所有操作开关均安装在卷筒前的操作板上，软管长达 183m，喷头是用加强工具钢制成的，并附带导管器。必要的工具可引导高压软管进入污水管道内。此外，配有高压水枪。

（5）空气输送（风机真空吸泥）系统，伐克多 810 型排水管道联合疏通车采用风机式吸泥系统。即利用一台高压风机迅速将罐内空气排出，形成罐内真空状态，并利用高速流动的风流，将污泥等杂物带入罐内。风机由一台 100 马力的发动机驱动，吸污泥时必须与被吸物质保持一定的距离。

（6）吸泥管，它装在车前方可使车停在检查井前以便清理污物，并给操作人员以安全的位置。吸泥管与一悬臂相接，该悬臂能在人行道一侧水平、垂直方向移动，在主干道一侧伸展 3.35m。

悬臂用电动液压传动系统控制，吸泥管的操作则通过液压系统驱动，由操作人员按按钮即可实现。吸泥管直径 8 英寸，可分段接长，一段连装压力胶管。该管可弯曲，可吸深 6m。

3.5　排水管道养护的安全管理

1. 安全作业一般要求

排水管道的养护工作必须注意安全，由于管道中的污水通常能析出硫化氢、甲烷、一氧化碳等有毒有害气体，有些生产污水还能析出石油、汽油、苯等气体，这些气体与空气中的氧混合能形成爆炸性气体。此外，煤气管道失修渗漏也能导致煤气逸入排水管道中造成危险。所以，排水管道养护作业人员如果要进行井下作业，除应有必要的劳保用品外，下井前必须先将有毒有害气体监测仪器放入井内检测。如仪器发出报警声，说明管道中有毒有害气体超标，必须采取有效措施排除，如将相邻两个检查井的井盖打开通风一段时间，或用抽风机进行抽风，排气后再进行复查。即使确认有害气体已排除，养护人员下井时仍应有适当的预防措施。操作人员必须穿戴齐全的防护用品（安全带、安全绳、安全帽、胶鞋、防毒面具及口罩等）；井上监护者不得少于两人，以备随时给予井下人员必要的援助，并要与井下人员预订好联系信号。

井上监护人员应熟悉操作和防护、急救要领。监护人要严密分工、坚守岗位、互相呼应、发现问题及时处理。

养护人员在沟内作业应组成工作小组，该小组至少由 4 人组成。如果是污水自冲作业，工作小组应由两人组成，如果是带工具冲洗排水管道，工作小组由 4 人组成。清理进出水口时，工作小组最少两人。

遇有管道堵塞，一般不得在下游疏通，必须疏通时，应戴好呼吸器及安全带。

遇有化工、制药、科研单位的废水直接通入排水管道，又必须下井操作时，须经有关部门研究批准采取安全措施后方准进入操作。

2. 管道、井下作业注意事项

（1）在井内不得携带有明火的灯，不得点火或抽烟。井下采用手电照明或利用平面镜子反射太阳光方法。

（2）如果在管道内作业，沟深大于 1m 的排水管道，泥水深度不超过 0.25m 时，方可入内作业，否则应在送风后再进入作业区，且边送风边作业，作业前进方向应与送风方向相反，在沟内连续作业不得超过 2h，在井内或沟内作业时，不得迎水作业，应侧身操作。所有从事排水管道养护作业的人员在上岗前必须经过专业知识及安全知识的培训。

（3）井下作业人员发现头晕、腿软、憋气、恶心等不适感觉时，必须立即上井并同时通知井上监护人员。

（4）如果在危险沟段内作业，同时还应对有毒有害气体检测仪进行监测，发现异常情况，及时报警，并采取有效措施。

（5）遇有死井、死水、死勾头地段，必须用通风机强制通风不得小于 15min，并且在作业中不停止人工送风，以补充氧气，井口处周围设置明显的防护标志，在沟内连续操作不得超过 2h。

3. 存在危险性的管道

能危及进入人员生命安全的排水管道和检查井有：

（1）坡度小于 0.4% 的管道。

（2）管道井距离大于 90m。

（3）带有倒虹吸管的排水管道。

（4）经过工业区的排水管道。

（5）经过煤气总管或汽油储罐附件的排水管道。

4. 有毒气体监测

由于污水中的有机物质（人畜粪便、动植物遗体、含有机物的工农业废渣废液等）在一定温度、湿度、酸性和缺氧条件下，经厌氧性微生物发酵，有机物会腐烂分解而产生沼气（甲烷），同时也可能产生一氧化碳、硫化氢、氨气等有毒性气体使人中毒、缺氧、窒息，其中一氧化碳、硫化氢比空气重，一般聚集在水表面或污泥中，清除起来较为困难，而甲烷、氨气，比空气轻，可以通过孔道向上往四周扩散渗漏，甲烷气体在空气中含量大于 5% 时，遇火会燃烧，放出热量而形成爆炸性的气体。

一般情况下，空气中氧的含量为 20.9%，如小于 18%，即表明空气缺氧，当小于 6% 时，人会缺氧窒息死亡。

硫化氢在空气中的浓度为 0.001~0.002mg/L 时，就能闻到气味（臭鸡蛋味），当达到 1.0mg/L 时，就能使人瞬时中毒死亡。

二氧化碳是无色无臭气体，一般空气中含量为 0.5%，当空气中浓度达到 5% 时，即会刺激呼吸中枢神经，使人晕倒。

一氧化碳是一种无色、无臭、无味、易燃、有毒气体。氨气也是一种无色而具有强烈刺激性异臭的气体。

除上述气体外，有时也可能产生氢氰酸、二氧化硫、苯、酚、挥发性油酚（如汽油）等有毒有害气体。

有毒气体的检测方法，目前较为常用的是一种"四合一"复合气体检测仪，可同时检测排水管道中最常见的四种气体：硫化氢、一氧化碳、可燃气、氧气。当排水管道中这些气体的含量超过设定的警戒值时，仪器会自动报警。

5. 发生中毒、窒息事故时的抢救措施

（1）在井下管道中有人发生中毒窒息晕倒时，井上人员应及时汇报施工负责人，并采取措施及时抢救。

（2）从事抢救的人员应在佩戴好防护用品、扎好安全绳后方可下井抢救。

（3）照明应用手电筒，不准用明火照明或试探，以免燃烧爆炸。

（4）抢救窒息者，应用安全带系好两腿根部及上体，不得影响其呼吸或受伤部位。

（5）及时联系医务人员和急救车辆，组织好现场抢救或送医院急救。

第4章　市政桥梁养护与维修

4.1　市政桥梁养护概述

市政桥梁的养护应包括城市桥梁及其附属设施的检测评估、养护工程及建立档案资料袋，尽量保证城市桥梁经常处于完好的技术状态，延长其使用年限，满足承载力和通行能力要求，因此，对城市桥梁进行经常性的养护维修是十分必要的。

4.1.1　市政桥梁养护的一般要求

桥梁的养护维修主要是对危害桥梁正常运营的部分进行经常性的修缮工作，如保持桥面清洁，伸缩缝完好并能伸缩自由，疏通泄水孔等。城市桥梁养护与修理工作的范围包括以下内容：

(1) 技术检查与检验。

(2) 建立和健全完整的桥梁技术档案。养护档案应包括：桥梁主要技术资料，施工竣工资料、养护技术文件，巡检、检测、测试资料、桥梁自振频率。桥上架设管线等技术文件及相关资料。

(3) 桥梁的安全防护。桥梁应安全、完好、整洁；夜间照明应符合有关标准的要求；各种指示标志应齐全、清晰。人行天桥、立交、高架路、隧道、通航河道上的桥梁必须设桥下限高的交通标志；立交、跨河桥应设限载牌。

(4) 桥梁的经常保养、维修与加固。

(5) 列入文物保护范围的城市桥梁的养护，除应执行本规范外，还应符合文物部门的有关技术规定。

4.1.2　桥梁养护的分类与分级

1. 根据城市桥梁在道路系统中的地位城市桥梁养护宜分为以下5类：

Ⅰ类养护的城市桥梁——特大桥梁及特殊结构的桥梁。

Ⅱ类养护的城市桥梁——城市快速路网上的桥梁。

Ⅲ类养护的城市桥梁——城市主干路上的桥梁。

Ⅳ类养护的城市桥梁——城市次干路上的桥梁。

Ⅴ类养护的城市桥梁——城市支路和街坊路上的桥梁。

2. 根据各类桥梁在城市中的重要性，本着"保证重点、养好一般"的原则，城市桥梁养护等级宜分为Ⅰ等、Ⅱ等、Ⅲ等。

养护等级及养护、巡检要求应符合以下要求：

　　Ⅰ等养护的城市桥梁应为Ⅰ～Ⅲ类养护的城市桥梁及Ⅳ、Ⅴ类养护的城市桥梁中的集会中心、繁华地区、重要生产科研区及游览地区附近的桥梁，应重点养护，巡检周期不应超过1天。

　　Ⅱ等养护的城市桥梁应为Ⅳ、Ⅴ类养护的城市桥梁中区域集会点、商业区及旅游路线或市区之间的联络线、主要地区或重点企业所在地附近的桥梁，应有计划地进行养护，巡检周期不宜超过3天。

　　Ⅲ等养护的城市桥梁应为Ⅴ类养护的城市桥梁及居民区、工业区的主要道路上的桥梁，可一般养护，巡检周期可在7天之间。

　　3. 根据城市桥梁技术状况、完好程度，对不同养护类别，其完好状态等级划分及养护要求应符合下列规定：

　　Ⅰ类养护的城市桥梁完好状态宜分为2个等级：

　　合格级——桥梁结构完好或结构构件有损伤，但不影响桥梁安全，应进行保养、小修。

　　不合格级——桥梁结构构件损伤，影响结构安全，应立即修复。

　　Ⅱ～Ⅴ类城市桥梁完好状态宜分为5个等级：

　　A级——完好状态，BCI达到90～100，应进行日常保养。

　　B级——良好状态，BCI达到80～89，应进行日常保养和小修。

　　C级——合格状态，BCI达到66～79，应进行专项检测后保养、小修。

　　D级——不合格状态，BCI达到50～65，应检测后进行中修或大修工程。

　　E级——危险状态，BCI小于50，应检测评估后进行大修、加固或改扩建工程。

4.1.3　桥梁养护工程的分类

　　桥梁的养护工程宜分为保养、小修，中修工程，大修工程，加固、改扩建工程。

　　(1) 保养、小修，对管辖范围内的城市桥梁进行日常围护和小修作业。

　　(2) 中修工程，对城市桥梁的一般性损坏进行修理，恢复城市桥梁原有的技术水平和标准的工程。

　　(3) 大修工程，对城市桥梁的较大损坏进行综合治理，全面恢复到原有技术水平和标准的工程及对桥梁结构维修改造的工程。

　　(4) 加固、改扩建工程，对城市桥梁因不适应现有的交通量、载重量增长的需要及桥梁结构严重损坏，需恢复和提高技术等级标准，显提高其运行能力的工程。

4.2　市政桥梁检查与评价

　　桥梁的检查与检验是桥梁养护工作的两个重要环节，也是桥梁养护的基础性工作。对桥梁进行检查与检验，目的在于系统地掌握桥梁的技术状况，较早地发现桥梁的缺陷和异常，进而合理地提出养护措施。

　　1. 城市桥梁检测的内容

　　(1) 记录桥梁当前状况；

　　(2) 了解车辆和交通量的改变给设施运行带来影响；

（3）跟踪结构与材料的使用性能变化；

（4）对桥梁状态评估提供相关信息；

（5）给养护、设计与建设等部门提供反馈信息。

2. 检查检测流程

城市桥梁的检测评估应根据其内容、周期、评估要求分为经常性检查、定期检测、特殊检测（图 4-1）。

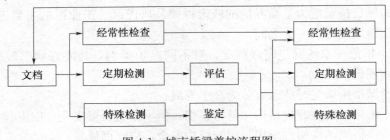

图 4-1　城市桥梁养护流程图

在城市桥梁技术状况检测评估时，桥梁因主要构件损坏，影响桥梁结构安全时，Ⅰ类养护的城市桥梁应判定为不合格级，应立即安排修复；Ⅱ～Ⅴ类养护的城市桥梁应判定为 D 级，并对桥梁进行结构检测或特殊检测。

4.2.1　经常性检查

经常性检查应对结构变异、桥及桥区施工作业情况和桥面系、限裁标志、交通标志及其他附属设施等状况进行日常巡检，应由专职桥梁管理人员或有一定经验的工程技术人员负责。以目测为主，并现场填写《城市桥梁日常巡检日报表》，记录检查中的缺损类型、维修工程量，提出相应的养护措施。

经常性检查应包括的内容：

1. 桥面系及附属结构物的外观情况。

（1）平整性、裂缝、局部坑槽、拥包、车辙、桥头跳车；

（2）桥面泄水孔的堵塞、缺损；

（3）人行道铺装、栏杆扶手、端柱等部位的污秽、破损、缺失、露筋、锈蚀等；

（4）墩台、锥坡、翼墙的局部开裂、破损、塌陷等。

2. 上下部结构异常变化、缺陷、变形、沉降、位移，伸缩装置的阻塞、破损、联结松动等情况。

3. 城市道路管理条例中规定的各类违章现象。

4. 检查在桥区内的施工作业情况。

5. 桥梁限载标注及交通标志设施等各类标志完好情况。

6. 其他较明显的损坏及不正常现象。

4.2.2　定期检测

定期检测也叫详细检查。桥梁的定期检测是桥梁养护管理系统中，采集结构技术状况动态数据的工作，为评定桥梁使用功能、制定养护计划提供基本数据。

定期检测分为常规定期检测和结构定期检测。常规定期检测应每年进行一次，可根据城市桥梁实际运行状况和结构类型、周边环境等适当增加检测次数。结构定期检测应在规定的时间间隔进行，Ⅰ类养护的城市桥梁宜为 1～2 年，关键部位可设仪器监控测试；Ⅳ～Ⅴ类养护的城市桥梁间隔宜为 6～10 年。

1. 常规定期检测

常规定期检测应由专职桥梁养护工程技术人员或实验经验丰富的桥梁工程技术人员负责，并应对每座桥梁制定相应的定期检测计划和实施方案。常规定期检测宜以目测为主，并应配备照相机、裂缝观测仪、探查工具及现场的辅助器材与设备等必要的量测仪器。

常规定期检测主要包括以下内容：

（1）对照城市桥梁资料和设备量年报表现场校核城市桥梁的基本数据。

（2）实地判断损坏原因，估计维修范围和方案。

（3）对难以判断其损坏程度和原因的构件，提出特殊检测的建议。

（4）对损坏严重、危及安全的城市桥梁，提出限行等限制交通的建议。

（5）根据城市桥梁技术状况，确定下次检测的时间。

2. 结构定期检测

结构定期检测应由相应资质的专业单位承担，并应由具有城市桥梁养护、管理、设计、施工经验的人员参加。检测负责人应具有 5 年以上城市桥梁专业工作经验。Ⅰ类养护的城市桥梁，结构定期检测应根据桥梁检测技术方案和细节分组，并加以标识，确定相应的检测频率；Ⅱ～Ⅴ类养护的城市桥梁结构定期检测包括桥梁结构中所有构件。结构定期检测应考虑桥龄、交通量、车辆载重、桥梁使用历史、已有技术评定、自然环境以及桥梁临时封闭的社会影响等因素，制定详细计划，计划应包括采用的测试技术与组织方案并提交主管部门批准。

结构定期检测主要包括以下内容：

（1）查阅历次检测报告和常规定期检测中提出的建议。

（2）根据常规定期检测中桥梁状况评定结果，进行结构构件的检测。

（3）通过材料取样试验确认材料特性、退化的程度和退化的性质。

（4）分析确定退化的原因，以及对结构性能和耐久性的影响。

（5）对可能影响结构正常工作的构件，评价其在下一次检查之前的退化情况。

（6）检测桥梁的淤积、冲刷等现象，水位记录。

（7）必要时进行荷载试验和分析评估，城市桥梁的荷载试验评估应按有关标准进行。

（8）通过综合检测评定，确定具有潜在退化可能的桥梁构件，提出相应的养护措施。

4.2.3　特殊检测

特殊检测应由相应资质的专业单位承担，主要检测人员应具有 5 年以上城市桥梁专业工程师资格。特殊检测应有专业人员采用专门技术手段，并辅以现场和实验室测试等特殊手段进行详细检测和综合分析，检测结构应提交书面报告。

1. 城市桥梁在下列情况下应进行特殊检测

（1）城市桥梁遭受洪水冲刷，流冰、漂流物、船舶或车辆撞击、滑坡、地震、风灾、化学剂腐蚀、车辆荷载超过桥梁限载的车辆通过等特殊灾害造成结构损伤。

（2）城市桥梁常规定期检测中难以判明是否安全的桥梁。

（3）为提高或达到设计承载等级而需要进行修复加固、改建、扩建的城市桥梁。

（4）超过设计年限，需延长使用的城市桥梁。

（5）常规定期检测中桥梁技术状况Ⅰ类养护的城市桥梁被评定为不合格级的桥梁Ⅱ～Ⅴ类养护的城市桥梁被评定为 D 级或 E 级的桥梁。

（6）常规定期检测发现加速退化的桥梁构件，需要补充检测的城市桥梁。

2. 城市桥梁特殊检测内容

（1）结构材料缺损状况诊断。

结构缺损材料状况的诊断，应根据材料缺损的类型、位置和检测的要求，选择表面测量、无损检测技术和局部取试样等方法。试样宜在有代表性构件的次要部位获取，检测与评估应依照相应的试验标准进行。

（2）结构整体性能、功能状况评估。

结构整体性能、功能状况评估应根据诊断的构件材料质量及其在结构中的实际功能，用计算分析评估结构承载能力。当计算分析评估不满足或难以确定时，用静力荷载方法鉴定结构承载能力，用动力荷载方法测定结构力学性能参数和振动参数。结构计算、荷载试验和评估应符合国家现行有关标准的规定。

3. 特殊检测报告

特殊检测报告主要包括以下内容：

（1）概述、桥梁基本情况、检测组织、时间背景和工作过程。

（2）描述目前桥梁技术状况、试验与检测项目及方法、检测数据与分析结构、桥梁技术状况评估。

（3）概述检测部位的损坏原因及程度，评定桥梁继续使用的安全性。

（4）提出结构及局部构件的维修加固或改造的建议方案，提出维护管理措施。

4.2.4 桥梁技术状况的评定

城市桥梁技术状况评估，内容包括桥面系、上部结构、下部结构和全桥评估。一般采用先分部再综合的方法评估，城市桥梁Ⅱ～Ⅴ类养护的完好程度以桥梁状况指数 BCI 来确定评估指标，并满足下列要求。

1. 按分层加权法根据定期检查的桥梁技术状况记录，对桥面系、上部结构和下部结构分别进行评估，再综合得出桥梁的整体技术状况评估。

2. 桥面系的技术状况用桥面系状况指数 BCI_m 表示。根据桥面铺装、伸缩装置、排水系统、人行道、栏杆及桥头平顺等要素的损坏扣分值，计算得到 BCI_m 指数值。

3. 桥梁上部结构的技术状况采用上部结构状况指数 BCI_s 表示。根据桥梁各跨的技术状况指数 BCI_k 计算得到 BCI_s 指数值。

4. 桥梁下部结构技术状况采用下部结构状况指数 BCI_x 表示，评估应逐墩（台）进行，然后计算整座桥梁下部结构的 BCI_x 指数值。

5. 整座桥梁的技术状况指数 BCI 值，根据桥面系、上部结构、下部结构的技术状况指数，按下式计算：

$$BCI = BCI_m \times w_m + BCI_S \times w_s + BCI_x \times w_x \tag{4-1}$$

式中：w_m——桥面系的权重系数；

　　　w_s——上部结构的权重系数；

　　　w_x——下部结构的权重系数。

上述权重系数入表 4-1 所示。

表 4-1　桥梁组成部分的权重系数

桥梁部位	权重系数
桥面系	0.15
上部结构	0.40
下部结构	0.45

6. 各类型桥梁，有下列情况之一，即可直接评定为不合格或 D 级。

（1）Ⅲ、Ⅴ类环境下的预应力梁，产生受力裂缝且裂缝宽度超过规范限值。

（2）拱桥的桥脚处产生水平位移，或无铰拱拱脚产生较大的转动。

（3）钢结构节点板机连接铆钉、螺栓损坏在 20％以上、钢箱梁开焊、钢结构主要构件有严重扭曲、变形、开焊，锈蚀削弱截面积 10％以上。

（4）墩、台、桩基出现结构性断裂，裂缝有开合现象，倾斜、位移、沉降变形危及桥梁安全时。

（5）关键部位混凝土出现压碎或压杆失稳、变形现象。

（6）结构永久变形大于设计规范值。

（7）结构刚度达不到设计标准要求。

（8）支座错位、变形、破损严重，已失去正常支承功能。

（9）基底冲刷面达 20％以上。

（10）承载能力下降达 25％以上（需通过桥梁验算检测得到）。

（11）人行道栏杆 20％以上残缺。

（12）上部结构有落梁或脱空趋势或梁板断裂。

（13）除上述情况外，特大桥、特殊结构桥，当钢－混凝土组合梁、桥面板发生纵向开裂、支座和梁端区域发生滑移或开裂；斜拉桥拉索、锚具损伤；吊桥钢索、锚具损伤；吊杆拱桥的钢丝、吊杆和锚具损伤。

（14）其他各种对桥梁结构安全有较大影响的部件损坏。

4.3　桥梁的养护维修施工

桥梁上部结构通常包括桥面铺装、防水和排水设施、伸缩缝、支座、栏杆和桥跨结构等。上部结构是养护维修的重点，因为其大部分构造天然敞露，受车辆及大气影响十分敏感。

4.3.1　桥面铺装层的养护与维修

桥面铺装材料主要有水泥混凝土和沥青类材料两种。由于使用材料的不同，产生缺陷形式也不一样。沥青类铺装层的缺陷主要有：泛油、松散、露骨、裂缝及高低不平，产生"跳车"。普通水泥混凝土铺装层的缺陷主要有：磨光、裂缝、脱皮、露骨及高低不平。

桥面的养护除应符合道路养护的有关标准规定外，还要满足以下要求：

1. 不得随意增加荷载。老化的沥青混凝土桥面，应进行铣刨更新处理，严禁随意加铺沥青混凝土结构进行补强，严禁用沥青混凝土覆盖伸缩装置。

2. 更新后，桥面的纵坡和横坡，应满足排水要求。

3. 架设在桥上的管线安全保护设施应完整、有效；线杆应安全、牢固；井盖应完好。

4. 桥面上人行道铺装、盲道和路缘石应完好、平整。当有缺损时，应及时维修或更换。

5. 养护施工完成，应保持桥面清洁完整和有一定的路拱。桥面铺装的维修或修补可采用凿补、黑色路面改建、全部凿除重铺桥面等修补等方法。

6. 桥面铺装有局部病害时，可将水泥混凝土铺装层的表面凿毛，深度以使骨料露出为准。用清水冲洗干净断面并充分润湿，涂刷上同标号的水泥砂浆（或其他粘结材料），然后在桥梁承载能力允许范围内，铺筑一层 4～5cm 厚的水泥混凝土铺装层。

7. 如果桥面铺装有局部损害，桥面平整度较差而主梁承载能力允许的前提下，可采用黑色路面对桥面进行改造。改造时可采用沥青表面处理或沥青细砂罩面，采用沥青细砂时，为了与旧层面更好的结合，应先涂刷黏层油。加铺沥青混凝土时，厚度一般取 2～3cm。

8. 桥面铺装病害严重时，可考虑全部凿除后重铺。

9. 清除损坏的结构层时，应切割出清理边界，然后再进行清除作业。清除应彻底，不得留隐患，并应避免扰动其他完好部分。

10. 钢筋网结构的防水混凝土层清除作业时，应确保原钢筋结构的完整。

11. 在浇筑新混凝土前，作业面（包括边缘）应清洁、粗糙。

12. 选用的防水混凝土抗渗等级应高于 P6，且不得低于原设计指标要求。在使用除雪剂的北方地区和酸雨多发地区，防水混凝土的耐腐蚀系数不应小于 0.8。严禁使用普通配比混凝土替代防水混凝土。

4.3.2 桥面伸缩缝的养护与维修

目前常用的桥面伸缩装置有锌铁皮伸缩缝、钢板式伸缩缝和橡胶伸缩缝 3 种。由于伸缩缝设置在桥梁梁端构造薄弱部位，直接承受车辆反复荷载作用，又多暴露于大自然中，受到各种自然因素的影响，因此，伸缩缝是易损坏、难修补的部位，经常发生各种不同程度的缺陷。

伸缩缝出现缺陷后会使车辆行驶出现跳车、噪声，甚至引起交通事故。同时缺陷不及时修补会向结构主体进一步发展。因此，对桥面伸缩缝要经常注意养护，经常检查，出现破坏后，要及时进行必要的修补或者更换。

1. 伸缩装置养护的一般要求

（1）伸缩装置应平整、直顺，伸缩自如，处于良好的工作状态。有堵塞时应及时清除，出现渗漏、变形、开裂、行车有异常响声、跳车等问题时应及时维修。保养周期每年应有2次。

（2）橡胶板式伸缩装置的固定螺栓应每季度保养一次，松动应及时拧紧；橡胶板丢失应及时补上，弹簧（止退）垫不得省略。严重破损的橡胶板，应及时按同型号进行更换，

图 4-2为橡胶板伸缩缝示意图。

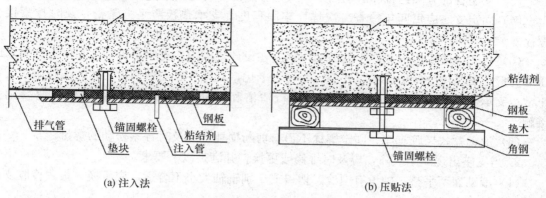

(a) 注入法　　　　　　　　　　　　(b) 压贴法

图 4-2　橡胶板伸缩缝示意图

（3）异型钢类伸缩装置的密封橡胶带（止水带），损坏后应及时更换。密封橡胶带的选择，应满足原设计的规格和性能要求。

（4）钢板伸缩装置的钢板开焊、扭曲和脱落时，应及时发现并及时补焊。

（5）当弹塑体伸缩装置出现脱落、翘起时，应及时清除，并应重新浇筑弹塑体混合料。当槽口沥青混凝土塌陷、严重啃边或附近沥青混凝土平整度超过规范规定时，应清除弹塑体混合料和周围沥青混凝土，重新摊铺、碾压，并应按新建工艺要求，重新安装弹塑体伸缩装置。

2. 伸缩装置的更换

（1）伸缩装置的安装宽度，应根据施工时的气温计算确定。安装放线时间，应选择在一天中温差变化最小的时间段内。

（2）应满足新伸缩装置的安装技术要求。在安装连接点处，桥面板（梁）的锚固预埋件有缺损时，应打孔补植连接锚筋。

（3）伸缩装置在安装焊接时，连接筋与铺盘的搭接长度应符合焊接要求，严禁点焊连接。

（4）安装伸缩装置所使用的水泥混凝土保护带，其设计强度应符合设计要求，但不得小于 C40，且应具有早强性能。保护带宜采用钢纤维混凝土。

（5）应保证伸缩装置与梁端或桥台之间充分隔离、封闭，宜采用硬塑料泡沫板进行充填。伸缩装置的型钢下部和后部，应保证混凝土完全充满。

（6）混凝土达到设计强度且伸缩装置全部安装完好后，方可恢复交通。

4.3.3　桥梁支座的养护与维修

桥梁支座是桥梁上下部结构的结合点，一有损坏将严重影响到桥梁承载能力和使用寿命，所以必须注意经常养护，保证其处于正常的工作状态。

1. 桥梁支座养护的一般要求。

（1）支座各部分应保持完整、清洁、有效，应每年检查保养一次，冬季应及时清除积雪和冰块，梁跨应活动自由。

（2）滚动支座滚动面上，每年应涂一层润滑油。在涂油之前，应先清洁滚动面。

（3）支座各部分除钢辊和滚动面外，其余金属部分应定期保养，不得锈蚀。

（4）固定支座应每两年检查一次锚栓牢固程度，支承垫板应平整紧密，及时拧紧接合螺栓。

（5）板式橡胶支座恒载产生的剪切位移应在设计范围内；支座不得产生超过设计要求的压缩变形；支座橡胶保护层不应开裂、变硬、老化，支座各层加劲钢板之间的橡胶应均匀和正常；支承垫石顶面不应开裂、积水；进行清洁和修补工作时，应防止橡胶支座与油脂接触。

（6）滚动盆式橡胶支座，固定螺栓不得有剪断损坏，应及时拧紧松动的螺母。

2. 当支座出现缺陷故障，应及时维修或更换，并满足以下要求。

（1）滚动面不平整，轴承有裂纹、切口或个别辊轴大小不合适，应更换。板式橡胶支座损坏、失效应即时更换。

（2）梁支点承压不均匀，应进行调整。

（3）支座座板翘曲、断裂，应予更换和补充，焊缝开裂应予维修。

（4）对需抬高的支座，可根据抬高量的大小选用下列方法。当抬高量在 50mm 以内，可垫入钢板；抬高量在 50～300mm 的垫入铸钢板。如采用就地灌注高强钢筋混凝土垫块，厚度不应小于 200mm。

（5）滑移的支座应及时恢复原位；脱空支座应及时维修。

3. 辊轴支座的实际纵向位移，应与计算的正常位移相符。当纵向位移大于容许偏差或有横向位移时，应加以修正。当辊轴出现不允许的爬动、歪斜或按轴倾斜时，应校正支座的位置。

4. 弧形钢板支座和摆柱式支座中的钢板不得生锈，钢筋混凝土摆柱不得脱皮露筋，固定锚销不得切断，滑动钢板不得位移，摆柱不得倾斜。对损伤和超过允许位移的支座钢板，应及时修理更换。

5. 球形支座应每年清除尘土，更换润滑油一次。支座地脚螺母不得剪断，橡胶密封圈不得龟裂、老化。支座相对位移应均匀，并记录位移量。支座高度变化不应超过 3mm。应每两年对支座钢件（除不锈钢滑动而外）进行油漆防锈处理。

4.3.4 桥跨结构的养护与维修

桥跨结构是桥梁的主要承重结构，除直接承受车辆荷载的作用外，还长期暴露在自然界中。如桥跨结构长期受到自然界的各种因素影响出现缺陷，势必会扩大、加深、发展，危及桥梁的安全。因此，发现桥跨结构出现缺陷后，必须及时进行调查研究，分析缺陷的产生原因、现状、发展趋势以及桥梁遭受破坏的程度、对使用的影响等，及时采取措施进行维修加固。

1. 钢筋混凝土及预应力混凝土桥梁

钢筋混凝土和预应力混凝土桥梁，应每年进行一次结构裂缝和表面温度裂缝检查。对于结构裂缝，应重点检查受拉、受剪区域；对于表面温度裂缝，应重点检查构件的较大面。

（1）钢筋混凝土及预应力混凝土桥梁裂缝应根据裂缝类型和构件的抗裂等级，分别采用不同的方法处理。对表面温度裂缝，可封闭处理。对结构裂缝，应根据不同的抗裂等级，分别采取下列措施（表4-2）：

a. 当裂缝宽度大于允许最大裂缝宽度时，应查明开裂原因，进行裂缝危害评估，确定处理措施。

表 4-2　恒载裂缝最大限值表

结构类型	裂缝部位		允许最大裂缝宽度（mm）
钢筋混凝土构件、精轧螺纹钢筋的预应力混凝土构件	A 类（一般环境）		0.20
	B 类（严寒、海滨环境）		0.20
	C 类（海水环境）		0.15
	D 类（侵蚀环境）		0.15
采用钢丝和钢绞线的预应力混凝土构件	A 类和 B 类环境		0.10
	C 类和 D 类环境		不允许
混凝土拱	拱圈横向		0.30（裂缝高度小于截面高 1/2）
	拱圈纵向（竖缝）		0.50（裂缝长小于跨径 1/8）
	拱波与拱肋结合处		0.20
墩台	墩台帽		0.30
	墩台身	经常受侵蚀性环境水影响 有筋	0.20
		无筋	0.30（不允许贯通墩台身截面 1/2）
		常年有水，但无侵蚀性影响 无筋	0.25
		无筋	0.30（不允许贯通墩台身截面 1/2）
		干沟或季节性有水河流	0.40（不允许贯通墩台身截面 1/2）
	有冻结作用部分		0.20

b. 当预应力混凝土构件的受压区，出现裂缝，应立即封闭交通，严禁车辆和行人在桥上、桥下通行，并委托相应资质的检测部门进行结构可靠性评估，判别裂缝的危害程度，提出相应的处理措施。

c. 当预应力混凝土构件的受拉区出现结构性裂缝，应进行裂缝危害性评估，确定处理措施。

（2）钢筋混凝土及预应力混凝土结构发生混凝土剥落、露筋等现象时，应及时清除钢筋锈迹，凿去表面松动的混凝土后进行修补。对损坏面积较大的结构，凿除混凝土后不得明显降低结构的承载力，必要时宜采用分批修补。

（3）当预应力混凝土构件锚固端的封端混凝土出现裂缝、剥落、渗漏、穿孔、预应力锚具暴露时，应及时对预应力锚具刷防锈漆，重做封端混凝土。

（4）钢筋混凝土与预应力混凝土桥梁加固可采用下列方法。

a. 横向联系损伤、桥梁各构件不能共同受力的板梁桥，可通过桥面补强或修复加固横向联系，图 4-3 为粘贴钢板加固法，图 4-4 为横向收紧张拉法。

b. 梁的刚度、强度、稳定性及抗裂性不足，可采用加大结构断面尺寸或增加钢筋数量等方法进行加固，加大断面及增加配筋数量应根据计算确定。

c. 采用梁外预应力补强加固，如图 4-5 所示。

（5）双曲拱桥横向联系不足，全桥承载力不足或横向失稳时，拱桥主拱圈强度或刚度不足时，应进行加固。钢筋混凝土拱桥拱圈开裂超过限值时，应限制或禁止通行，并采取加固措施。

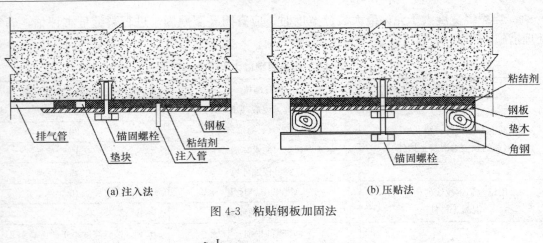

(a) 注入法　　　　　　　　　　　　(b) 压贴法

图 4-3　粘贴钢板加固法

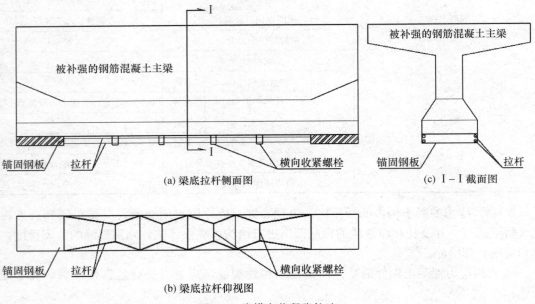

(a) 梁底拉杆侧面图　　　　　　　　　(c) Ⅰ-Ⅰ截面图

(b) 梁底拉杆仰视图

图 4-4　为横向收紧张拉法

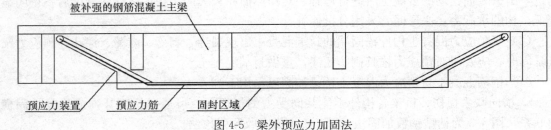

图 4-5　梁外预应力加固法

2. 钢结构梁的养护

在使用运营中，钢结构梁的刚度、强度和稳定性应符合设计要求。根据钢结构形式，应加强对各部分连接节点及杆件、铆钉、销栓、焊缝的检查养护。对承载能力或刚度低于限值，结构应通过特殊检测查明原因进行处理。不良的钢结构，应进行维修或加固。

（1）钢结构外观应保持清洁，冬季应及时去除冰雪。泄水孔应畅通，桥面铺装应无坑洼积水现象，渗漏部分应及时修好。当桥面积水时，应设置直径不小于 50mm 的泄水孔，钻孔时应对杆件强度进行验算。

（2）钢结构应每年进行一次保养级检测。检测时发现节点上的铆钉和螺栓松动或损坏脱落、焊缝开裂的，应用油漆标记并作记录。在同一个节点，缺少、损坏、松动和歪斜的铆钉超过 1/10 时，应进行调换。焊接节点有脱缝、焊缝处有裂纹的，应及时修补。对有裂纹及表面脱落的构件，应做出明显的标记，注明日期，以备观察，必要时应补焊或更换。

（3）钢梁杆件伤损程度超过表 4-3 的容许限度规定时，应及时进行整修、加固或更换。

表 4-3　钢梁杆件伤损容许限度

序号	伤损类别		容许限度
1	竖向弯曲		弯曲矢度小于跨度的 1/1000
2	板梁、纵梁、横梁及工字梁	横向弯曲	弯曲矢度小于自由长度的 1/5000，并在任何情况下不超过 20mm
3		上盖板局部弯曲	$f<a$ 或 $a<B/4$ d—钢板或钢板束的厚度 B—由腹板至盖板边缘的宽度
4		盖板上有孔洞 腹板上有孔洞	工字梁的洞孔直径小于 50mm，板梁的洞孔直径小于 80mm，边缘完好
5		腹板受拉部位有弯曲	凸出部分直径小于断面高度的 0.2 倍或深度不大于腹板厚度
6		腹板在受压部位	凸出部分直径小于断面高度的 0.1 倍或深度不大于腹板厚度
7	桁梁	主梁压力杆件弯曲	弯曲矢度小于杆件自由长度的 1/1000
8		主梁拉力杆件弯曲	弯曲矢度小于杆件自由长度的 1/500
9		主梁腹杆或连接杆件弯曲	弯曲矢度小于杆件自由长度的 1/300
10		洞孔	洞孔直径小于杆件宽度的 0.15 倍并不得大于 30mm

（4）钢梁有下列状态之一时，应及时维修。

a. 桁腹杆铆接接头处裂缝长度超过 50mm。

b. 下承式横梁与纵梁交接处下端裂缝长度超过 50mm。

c. 受拉翼缘的焊接端出现裂缝且长度超过 20mm。

d. 主梁、纵横梁受拉翼缘边上，裂缝长度超过 5mm；焊缝处裂缝长度超过 10mm。

e. 纵梁上翼缘角钢裂缝。

f. 主桁节点和板拼接接头铆栓失效率大于 10%。

g. 主桁构件、板凳结合铆钉松动连续 5 个及以上。

h. 纵横梁连接铆钉松动。

i. 纵梁受压翼缘、上承板梁主梁上翼缘板件断面削弱大于20％。

j. 箱梁焊缝开裂长度超过20mm。

4.3.5 墩台的保养、维修与加固

1. 墩台的保养、小修

（1）墩台表面应保持清洁，并及时清除青苔、杂草、荆棘和污秽。

（2）当圬工砌体表面部分风化严重和损坏时，应清除损坏部分，采用与原结构物相同的材料补砌，应结合牢固，色泽和质地宜与原砌体一致。

（3）圬工砌体表面灰缝脱落时应重新勾缝。

（4）当混凝土表面发生侵蚀剥落、蜂窝麻面等病害时，应将病害范围凿毛、洗净，然后做表面防护。

（5）当立交桥墩靠近机动车道时，宜在桥墩四周浇筑混凝土保护墩。

2. 墩台的维修加固

（1）当表面风化剥落深度小于30mm时，采用M10以上的水泥砂浆填补；当剥落深度超过30mm，且损坏面积较大时，应增设钢筋网并采用锚钉连接，浇筑混凝土层。浇筑混凝土前应清除松浮的部分，用水冲洗（图4-6）。

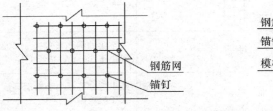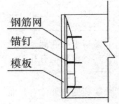

图4-6 混凝土缺损的修补

（2）墩台出现变形，应查明原因，采取针对性措施进行加固。

（3）当墩台裂缝超过规范限值时，应查明原因，采取下列措施进行加固。

a. 裂缝宽度小于规定限位时，应进行封闭处理。

b. 裂缝宽度大于规定限值且小于0.5mm时，应灌浆；大于0.5mm的裂缝应修补。

c. 当石砌圬工出现通缝和错缝时，应拆除部分石料，重新砌筑。

d. 当活动支座失灵造成墩台拉裂时，应修复或更换支座，并维修裂缝。

e. 基础不均匀沉降产生的自下而上的裂缝，应先加固基础，并应根据裂缝发展程度确定加固方法，图4-7所示为常用的围带加固法。

（4）桥台发生水平位移和倾斜，超过设计允许变形时，应分析原因，确定加固方案。

（5）桩或墩台的结构强度不足或墩柱有被碰撞折断等损坏，应查明原因，进行加固处理。

（6）桥台锥坡及八字翼墙在洪水冲击或填土沉降的作用下容易产生变形和勾缝脱落，修复时应夯实填土，地下水位以下应采用浆砌片（块）石，并勾缝。

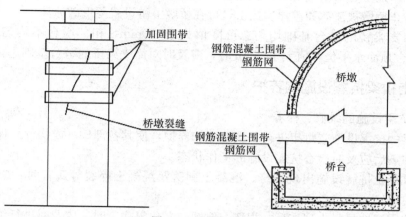

图 4-7　围带加固法

4.3.6　基础的维修与加固

桥梁的基础的养护，是为了使结构物保持完整、牢固、稳定、不发生倾斜，并减少行车振动和基础冲刷。

1. 日常养护要求

（1）跨河桥梁上下游 50～500m 范围内的河床应稳定，并随时清理河床上的漂浮物和沉积物，不得在河床内建构筑物和采砂。

（2）在桥桩和桥梁浅基础的边缘埋设其他地下管线、各种窨井、地下构筑物，应经设计，并采取措施加固后再施工。

2. 基础的维修与加固

（1）当基础局部被冲空时，应及时填补冲空部分。当水深大于 3m 时，除应及时填塞冲空部分，并应比基础宽 0.2～0.4m。

（2）基础周围冲空范围较大时，除填补基底被冲空部分外，还应在基础四周加砌防护设施（图 4-8）。

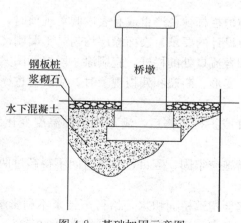

图 4-8　基础加固示意图

（3）在严寒地区容易出现桥墩环状冻裂，应在冰冻开始前进行保温防护。

（4）为防止桥墩被流冰和漂浮物撞击，可在桥墩上游设置菱形破冰体。

（5）当简支梁桥的墩台基础均匀总沉降值大于 20mm，相邻墩台不均匀沉降差大于 10mm，或墩台顶面水平位移值大于 5mm 时，应及时对简支梁桥的墩台基础进行加固。

4.3.7 城市桥梁抗震设施的养护

1. 桥梁抗震设施的维修、保养

（1）桥梁的抗震设施应每年进行一次检查和养护，使其各部件（或构件）保持清洁、干燥及完好，在震后应及时检查抗震设施的工作状态。

（2）当混凝土抗震设施出现裂缝、混凝土剥落及混凝土碎裂等病害时，应及时进行养护、修补或更换。

（3）当抗震缓冲材料出现变形、损坏、腐蚀、老化等病害时，应及时进行维修或更换。

（4）抗震紧固件、连接件松动和残缺时，应及时紧固或补齐，并涂刷防锈涂层。

（5）型钢、钢板、钢筋制作的支撑、支架、拉杆、卡架等桥梁加固构件，应及时进行除锈和防腐处理、发现残缺损坏应及时进行维修和更换。

（6）桥梁横、纵向联结和限位的拉索，应完好、有效；高强钢丝绳、绳卡等应每 2 年进行一次涂油防锈处理。当发现松动时，应及时对高强钢筋绳进行紧固。

2. 地震区的桥梁，在修建时未考虑地震因素的桥柱、墩台及基础，应验算在地震作用下的拆断倾覆及抗滑的稳定性，不能满足要求时，应进行加固。上部结构未设置抗震设施的，应增设防震设施。

4.3.8 桥梁附属设施的养护

1. 栏杆的养护

栏杆是桥上的一种安全防护设施，是桥梁上部结构一个不可缺少的组成部分，也是桥梁美化的一种艺术装饰。桥梁栏杆的缺陷主要有撞坏、缺损、裂缝。栏杆损坏虽然不妨碍交通，但能丑化桥容，使桥面交通缺少安全感，降低交通安全的舒适水平。因此，桥梁栏杆应经常保持充好状态，对损坏的桥梁栏杆应及时修理。

栏杆养护应满足以下要求：

（1）当金属或非金属防护栏杆褪色严重或有表皮脱落现象时，应清除并维修。

（2）涂料性能应符合原设计的要求，表面涂层均匀、不漏刷、不流淌。

（3）弯道部分、分流和合流口处的栏杆，宜刷涂一段警示图案，以辅助交通指示标志。

（4）当栏杆被撞有严重变形、断裂和残损现象时，应及时按原结构进行恢复，并应安装整齐、牢固。

（5）伸缩装置处的栏杆或护栏维修后，满足桥梁随温度变化的位移要求，不得将套筒焊紧。

（6）采用的临时防护措施应牢固、醒目，使用时间不得超过两周。

2. 排水设施的养护

桥面排水设施出现缺陷会招致桥面积水，给行车带来不利影响，降雨时引起车辆滑移，成为交通事故的一个原因，严重的还会损坏桥梁结构本身的安全。当雨水由伸缩缝进入支座时，将会使支座的功能恶化。在城市桥梁或立交跨线桥中，由于桥面积水，车辆过桥时污水四溅，殃及行人和破坏周围环境，使桥下居民受害，所以必须加强对桥面排水系统的维修养护。

（1）桥面的泄水管、排水槽要及时清扫、疏通。不够长的横向泄水孔道要加以接长，避免桥面雨水沿梁侧流泻。桥面泄水管、排水槽在每年雨季前应全面检查、疏通。跨河桥梁的泄水管下端露出不应少于 10cm，立交桥泄水管出口宜高出地面 50～100cm，或直接接入雨水系统。

（2）泄水管损坏要及时修补，接头不牢已掉落的要重新安装接上，损坏严重的要予以更换。

（3）重新修理已破裂的引水槽，长度不足时应予以接长。当槽口太小，不能满足排水需要时，要重新修筑，扩大槽口。

（4）立交桥除泄水管排水外，其他地方不得往桥下排水。北方的立交桥，冬季不得有冰凌悬挂。

桥面排水设施主要有泄水管道和引水槽两种，这两种排水设施的常见缺陷如下。

（1）泄水管管道破坏、损伤。在外界作用影响下而产生局部破裂、损伤，出现洞穴而产生漏水等。

（2）管体脱落。主要由于接头连接不牢而产生掉落，失去排水作用。

（3）管内有泥石杂物堵塞，排水不畅，甚至不通。

（4）管口有泥石等杂物堆积。

（5）引水槽内有积泥、堵塞、水流不畅、槽口破裂损坏而出现漏水、积水等。

3. 防护设施的养护

桥梁的防护栏杆、防护栅、防护栏、防护网、隔离带、防撞墩、防撞护栏、遮光板、绿色植物隔离带等防护设施，应完整、美观、有效。有断裂、松动、错位、缺件、剥落、锈蚀等损坏现象应及时维修。防护设施应色彩鲜艳醒目。桥内绿化不得腐蚀桥梁结构和影响桥梁安全，不得影响桥梁养护、检查和行车安全。遮光板及其指示标志应完整、有效，不得误挂和缺项，遮光板变形后，应立即恢复。

快速路两侧应放置防护网，上跨快速路及铁路的天桥、有人行步道的立交桥两侧应设防护网。防护网应完整、美观、有效，损坏、变形修复期不得超过 7 天。防撞墩、防撞栏杆不得有缺损、变形；被撞损后，宜在 3～7 天内恢复。防撞墩、防撞栏杆养护应满足以下要求：

（1）防撞墩混凝土裂缝大于 3mm 小于 5mm，可灌缝封闭。

（2）表面露筋、钢筋未变形拉断的，可做防腐处理后，用水泥砂浆修补。

（3）防撞墩混凝土裂缝大于 5mm，可清除被撞坏的混凝土，重新浇筑混凝土。

（4）严禁使用砖砌筑代替原结构；被毁坏的钢结构，应原样恢复，严禁使用塑料管仿制。

4. 挡墙、护坡的养护

挡土墙应坚固、耐用、完好。挡土墙应每季度检查一次，中雨以上降雨时巡检。挡土墙倾斜超过 20mm 或鼓胀、位移、下沉超过 20mm 时，应进行维修加固。挡土墙折断应及时加固，开裂超过 10mm，应进行封闭。

护坡应完好，下沉超过 30mm、残缺超过 0.2m² 时，应及时维修。

5. 声屏障、灯光装饰的养护

声屏障应干净、有效、完整，损坏、缺失应在一周内修补。声屏障应每季度冲洗一次，吸声孔不得堵塞，应每年补充和更换老化的填充物。新增设声屏障不得影响桥梁结构安全，并应安装牢固。桥梁安装灯光装饰，应设 3 道漏电保护装置，专人维护保养，开启灯饰期间宜有专人值班，关闭灯饰后应拉闸断电。彩灯装饰应完整、美观，缺损应及时恢复。安装彩色灯光装饰不得影响桥梁结构的完整耐久性，不得影响桥梁养护维修。

6. 超重车辆过桥措施

当车辆荷载超过桥梁限载的车辆通过桥梁时，应采取相应技术措施，由城市桥梁主管部门的专门技术人员组织指挥，并应详细记录存档，当需要过桥时，应选用多轴多轮的运载车辆，并选取桥梁技术状况较好、加固工程费用较省的路线通过，且由桥梁养护管理部门进行评估、加固，并经养护管理单位审核后实施。

当车辆荷载超过桥梁限载的车通过桥梁时，应满足以下要求：

（1）应临时禁止其他车辆过桥。

（2）车辆应沿桥梁的中心行驶，车速不得超过 5km/h。

（3）车辆不得在桥上制动、变速、停留。

当荷载超过桥梁限载的车辆通过桥梁时，城市桥梁管理部门应检查并观察记录桥梁位移、变形、裂缝扩张。同时选择不同桥型，进行挠度、应力、应变观测。

4.4 人行天桥的养护

1. 人行天桥的日常养护

城市人行天桥的日常保养主要有如下内容：

（1）桥面要及时排水，保持泄水孔的通畅，及时清扫桥面的各类脏物。小修小补应及时进行，如桥面面砖脱落，应马上落实修补措施。

（2）钢质或木质栏杆的油漆剥落、钢筋混凝土栏杆的裂缝及破损应及时修补。

（3）钢质扶梯一旦发现锈斑，应及时除锈重刷油漆。对于混凝土扶梯脱落的嵌条要及时补上，对于少量破损踏步，可采用超早强快硬混凝土进行快速修补。

（4）钢支座要定期除锈、除尘、上油养护。

（5）梁体及墩柱要根据所用的材料，采用不同的方法养护。如为钢结构的梁体，主要是除锈、油漆养护；如为钢筋混凝土结构，主要是各种裂缝的修补。

（6）基础要专门养护，对具有推力结构型的桥梁，应及时排除桥墩基础处积水，避免钢腿浸在水中。

2. 人行天桥的养护周期

影响人行天桥养护周期的因素有：过桥人流情况、桥梁材料类型、桥梁周围的自然环境等。根据上述因素可确定养护周期，也可因地制宜，根据当地的具体情况制定养护周期。表4-4 为有关项目养护周期参考表。

表 4-4　人行天桥有关项目养护周期参考表

结构 周期	基础	支座	扶梯	桥面及泄水孔	栏杆
钢结构	1y	1y	60d	1～7d	60d
钢筋混凝土结构	1～2y	1y	30d	1～7d	180d

第5章 市政设施维修的工法

5.1 落锤式弯沉仪检测作业

使用 Dynatest8000 落锤式弯沉仪测定路基或路面的动态弯沉。所测结果经转换至回弹弯沉值后可用于评定道路承载能力，也可用于调查水泥混凝土路面接缝间的传力效果，探查路面板下的空洞等（图 5-1）。

图 5-1　Dynatest8000 落锤式弯沉仪

所测弯沉值的绝对精度小于 2‰，分辨率为 1 微米。荷载范围为 7～120kN，所测荷载精度小于 2‰。

5.1.1 引用或（执行）标准

1.《公路路基路面现场测试规程》JTGE 60
2.《城市道路施工作业交通组织规范》GA/T 900
3.《Dynatest8000FWD 测试系统用户手册》

5.1.2 一般规定（通用技术要求）

1. 检测人员应当通过道路专业试验检测业务考试。考试合格者，可上岗从事相应的试验检测工作。
2. 检测设备在检定（校准）的有效期内。
3. 检测前应明确业主要求，制定检测计划，规划检测线路。
4. 下雨天不要使用 Dynatest8000 落锤式弯沉仪。

5.1.3　检测流程图

落锤式弯沉仪检测一般流程（图 5-2）。

图 5-2　Dynatest8000 落锤式弯沉仪检测流程图

5.1.4　实施阶段

1. 出车前检查

在每次采集工作之前都要事先对 Dynatest8000 落锤式弯沉仪的内部和外部进行例行检查。

（1）运输锁定（自动或手动）

请注意此步骤必须始终被执行，不论运输锁定是自动或手动操作。确定加载板组件在其最高位置，并且所有的运输锁定已经被扳到两边的锁定位置。完成之后，组件必须再次手动降低，通过打开 MAN. KEY 及按下 LP/RW 按钮使其置于锁住，并持续按下直到马达自动停止。

（2）升降杆锁定

确定升降杆前末端导向机制已经通过一个锁定销被锁住。

2. 数据采集

（1）自动采集

自动采集测试过程的操作比较简单。当车辆位于合适的测试位置时，操作员点击 Action 按钮，即开始一个测试程序。当程序完成，计算机将发出不同声音，表明加载盘已经被提升到运输锁定的位置，可以移动到下一个测试点。

如果在测试程序期间出现错误或其他问题，一个 pop－up 窗口将出现，指出问题或错误种类。如果准备好，计算机也发出声音，提示错误信息。

在自动采集测试程序期间，操作员通常不需要做任何动作，直到程序完成。在每次落锤后，荷载及弯沉数据都被写入到数据采集窗口，这样为监视每个测试程序过程提供了一个方便方法。

（2）手动采集

有时为了操作方便或其他原因，操作员必须手动控制采集系统。例如一个测试程序非正常停止，操作员在牵引车移动前要提升测试盘。他可手动控制程序来做，也可直接操作 Compact15 面板上的手动按钮。

从数据采集窗口顶部附近的 ManualControl 菜单项，即可完成手动控制。手动面板控制包括六个对象（图 5-3）。

当向上移动 RP 控制杆时将提升加载盘，向下移动时将降低加载盘。RW 操纵杆分成四级，操作员可以提升重锤到一特定高度。DROP 按钮引起重锤下落，STOP 按钮在任何操作过程中将引起直接中断，包括阻止重锤下落。如果操作员给出互相矛盾的命令，将出现错误，比如，当加载盘提离路面时操作员试图提升重锤等。

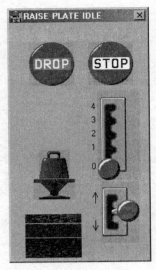

图 5-3　手动控制面板

3. 结束测试

操作员可以从 File 菜单选项选择 Exit。Windows 可以使用通常方法关闭。在离开测试位置之前，操作员应：

（1）确保拖车运输锁定。

（2）关闭 Compact15 处理器。

（3）关闭计算机。

4. 设备的日常保养

（1）车轮/车刹系统

检查轮胎压力应达到 2.2kPa；检查所有轮胎的螺母是否拧紧；确保刹车系统外露的所有螺母、螺栓、销固定完好；每 5000 公里应对惯性手刹系统润滑一次；手刹附近安置了两个注油孔，注入高质量润滑油。

（2）落锤组件

a. 通过荷载传感器插头上面的注油孔，对荷载盘转动部分定期润滑。

首先从地面提升加载板 10cm，加入润滑油时摇摆加载板，尽可能的使润滑油分布在转轴上，然后使加载板完全降至地面，再注入一些润滑油。

b. 检查荷载盘橡胶稳定装置是否断裂、损坏、丢失。另外，通过 4 个注油孔定期对分离式荷载盘润滑。

c. 所有外露螺母、螺栓应定期检查，如有必要重新拧紧。

d. 擎子内部部件表面可用干型的喷洒式润滑油润滑。

e. 两个外侧的重锤导向轮可用干型的喷洒式润滑油润滑。

f. 重锤导向架上不应使用润滑油。

g. 检查升/降杆钢丝绳有无弯曲或断裂，并检查钢丝绳是否放置在两个导向轮上，检查升/降钢丝绳长度调整是否合适且固定夹具是否紧固，检查钢丝绳拉紧弹簧是否损坏。

h. 检查可移动式传感器的所有部件是否紧固，特别是底部的测量探头。

（3）电气/电气部件

a. 检查拖车缓冲电池的酸液液面，必要时注入蒸馏水。电池端部的夹具必须保持清洁并涂上防腐材料。

b. 至少每年检查一次电机电刷是否过量磨损，要由合格人员置换电刷。

c. 检查四个近似传感器确信它们安全固定且密封，以使湿气不能从传感器后部进入。

d. 检查（必要时置换）两个压力开关 PS1 与 PS2 的保护橡胶帽，确保帽内的开关部件都涂上防腐材料以防湿气进入到开关触点元件，最好彻底在帽中注入硅树脂润滑油。

（4）液压系统

a. 液压油应每年换（至少）一次，如设备长时间不用（如在冬季的月份），最好在此阶段前更换。换油后，应使液压系统运行一会，以使残留在油缸、油管内的旧油与新油交流，接着对液压系统放气。

b. 液压油过滤器应每年换一次。

5.1.5　安全文明施工措施

1. 路面检测作业均比照城市道路施工作业进行管理，检测人员必须严格执行《城市道路施工作业交通组织规范》GA/T900 的相关规定。

2. 路面检测所有作业人员和管理人员必须经过道路作业安全知识培训，经考核合格后，才能上岗作业。

5.1.6　报告编写

1. 基本要求

（1）检测报告应简明、实用，其内容应包括与检测项目有关的一切资料：检测项目的各项指标、概况、检测方法原理简介、所用的仪器设备、测试分析结果、结论及适当的建议。

（2）检测报告中，结论应明确、易懂，不能含糊、不能引起歧义。结论依据必须充分，不能使其与检测数据或计算结果相脱节，更不能写一些不负责任的结论。

（3）当检测报告中含有计算过程时，计算过程应明了，引用公式应注明出处，这些足够的信息能保证计算结果得以再现。

（4）检测报告中的检测数据应尽量整理成图表。

（5）检测报告用语要准确，语句要通顺，标点符号要正确，所涉及的专业术语必须符合现行的国家规范或行业标准。

（6）检测报告页面以 A4 纸为一页。

2. 格式

报告格式如下所示：

×××路

落锤式弯沉仪路面弯沉检测报告

工程名称：×××

委托单位：×××

试验类别：普通检验或见证检验

见证人：×××

检测时间：××××年×月××日

报告总页数：共××页（含此页）

报告编号：××××（流水编号）

×××工程检测服务中心

××××年×月××日

×××路
落锤式弯沉仪路面弯沉检测报告

批　准	
审　核	
校　核	
编　写	
检测人员	

声明：1. 本报告涂改、换页无效。

　　　2. 未经书面批准，不得部分复制试验报告（完整复制除外）。

检测单位：×××工程检测服务中心

地址：××　　　　邮编：××

电话：××　传真：××

5.2　沥青路面坑槽修补施工

　　沥青路面坑槽修补施工工法，适用于城市快速路、主、次干道的沥青路面坑槽修补，支路及其他道路坑槽修补可作参考（图 5-4）。

图 5-4　沥青路面坑槽修补

5.2.1　引用标准

　　《城镇道路养护技术规范》CJJ 36

　　《广州市城市道路养护技术规程》（试行）

5.2.2　一般规定

　　1. 沥青路面坑槽修补作业必须使用具有保温功能的道路综合养护车，以保证沥青混合料的到场及摊铺温度，保证修补的质量。

2. 一般情况下，下雨时或地面潮湿的情况不宜安排坑槽修补作业。

3. 沥青路面坑槽修补，必须保证修补的沥青层厚度不小于 30mm，以防沥青层过薄发生破损。

4. 施工作业宜安排在夜间进行，减少对城市交通和居民出行的影响。

5. 施工前应对现场作业人员进行安全技术交底。

5.2.3　施工流程

沥青路面坑槽修补一般流程（图 5-5）。

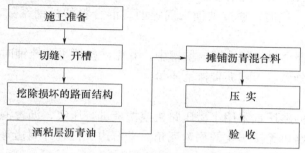

图 5-5　沥青路面坑槽修补流程图

5.2.4　实施阶段

1. 施工准备

（1）对作业现场进行施工围蔽。

（2）摸清现场坑槽破损范围、深度等情况。

2. 切缝、开槽

（1）根据路面损坏面积大小、损坏深度，并考虑压实设备的最小作业空间要求，划定修补范围。

（2）当开挖深度大于 50mm 时，应按原路面结构采用梯级型分层开挖的方式，每层开挖宽度应满足下层施工作业所使用压实机具最小作业空间的要求。

（3）划出修补边线，使用界缝机沿画好的边线进行切缝，其深度不小于 50mm，切缝应与路中线平行或垂直，应为顺车道方向的矩形。

3. 挖除损坏的路面结构

（1）使用风镐、电镐、小型刨路机等机具将切缝内侧损坏的路面结构层挖除。

（2）坑槽四壁不得松动，应挖刨到坚实、稳定的路面结构部分。若坑槽深度已达基层，应先处置基层，再修复面层。

4. 浇洒粘层沥青油

（1）在浇洒粘层沥青油前，必须把槽底、槽壁或旧路面清扫干净，确保槽底无积泥、积水，无沙土、树叶、垃圾等杂物。

（2）一般采用乳化沥青作粘层油，洒布量一般为 0.8～1.0kg/m²。

（3）将粘层油浇洒在槽底和槽壁上，注意要浇洒均匀，不漏洒，浇洒过量处应人工清除。

（4）浇洒粘层油后，禁止机械、车辆、人员等在上面行走，防止将粘层油带走。

5. 摊铺沥青混合料

（1）沥青混合料运至摊铺地点后，应检查拌和质量及测量混合料温度，并做好记录，沥青混合料质量应符合以下要求：

a. 外观应均匀一致，无明显油团、无花白或烧焦，无结团成块或粗细料分离现象。

b. 混合料摊铺温度一般不低于 130℃。

c. 凡不符合外观和温度要求，或已被雨淋湿的混合料不得进行摊铺。

（2）按原样修复的原则，坑槽修补的沥青混合料宜与原路面一致。沥青混合料的松铺系数通常为 1.15~1.30，同时，通过试铺来确定沥青混合料的松铺系数，当出现不符合要求时，随即进行调整。

（3）人工将沥青混合料均匀摊铺入坑槽中，并用沙扒拨平。摊铺时不得用铲抛料方式进行，以防止粗细集料分离，影响沥青摊铺质量。

6. 压实

（1）沥青混合料的碾压宜采用小型压路机或振板进行压实，沥青混合料压实后面层应平整无松散。对小型压路机无法压实的拐弯死角、平石边、检查井周边等局部地区，采用振板夯压数遍，直至与周边路面衔接平顺。

（2）对于损坏深度超过 50mm 的坑槽，沥青混合料必须分层摊铺并分层压实至 95% 密实度。

（3）压实作业完成后，及时将施工场地清扫干净，把杂渣运走。待温度冷却低于 50℃ 后，才能开放交通。

5.2.5 验收

沥青路面坑槽修补施工质量检验及验收应满足表 5.1 要求：

表 5-1 沥青路面坑槽修补质量要求

项目	质量要求及允许偏差	检验方法
凿边	四周修凿整齐不斜，深度不少于 3cm	用尺量
铺筑	1. 面层厚度±5mm 2. 表面粗细均匀，无裂缝，碾压紧密，无明显轮（板）迹	用尺量
平整度	路面平整，人工摊铺高低差不大于 7mm	3m 直尺
接边	1. 接边密实，无起壳、松散 2. 与平石相接不得低于平石，不得高于平石 5mm 以上 3. 新老接边平顺齐直，不得低于原路面，不得高旧边 5mm 以上	1m 直尺
横坡度	与原路面横坡相一致，不得有积水	目测
压实度	大于或等于 95%	目测或取芯

5.2.6 安全文明施工要求

1. 施工时应减少对交通的影响，尽量避开白天交通高峰期，采用分车道单边顺车方向施工，不能同时占用二条或二条以上车道施工，尽量将工作范围缩小。

2. 采用风镐等机械拆除沥青混凝土时，防止激起的碎石对周围的行人或车辆造成伤害，在拆除作业点周边，采用彩条布、木板等材料进行局部封闭，无关人员不得靠近作业点，作业人员佩戴护目镜。

3. 施工现场应防止高温烫伤，作业人员应佩戴棉质手套及防护鞋等劳保用品，在摊铺作业过程中，作业人员与高温器具保持足够距离。

5.3　道路灌缝施工

道路灌缝施工工法适用于城市快速路和主、次干道的路面灌缝，支路等其他道路灌缝可参考本工法（图 5-6）。

图 5-6　道路灌缝施工

5.3.1　引用标准

1. 《城镇道路养护技术规范》CJJ 36
2. 《城镇道路工程施工与质量验收规范》CJJ 1

5.3.2　一般规定

1. 道路灌缝施工宜采用专用的道路灌缝机，使混合料保持适宜的温度及流动性。
2. 一般情况下，下雨时或地面潮湿的情况不宜进行灌缝作业。
3. 施工作业宜安排在夜间进行，减少对城市交通和居民出行的影响，施工过程中应严格控制噪音。
4. 施工前应对现场作业人员进行安全技术交底。

5.3.3　施工流程

道路灌缝施工一般流程（图 5-7）。

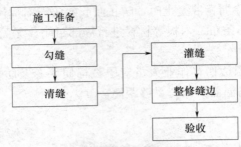

图 5-7　道路灌缝施工流程图

5.3.4　实施阶段

1. 施工准备

（1）对作业现场进行施工围蔽。

（2）摸清路面性质、裂缝位置、深度及破损等情况。

2. 勾缝

（1）使用铁钩将缝内填充的泥土、砂石等杂物以及失效的旧填缝材料勾除，对水泥路面的纵、横缝宜采用切缝机进行开缝。

（2）勾缝时，应将粘住缝壁的污物刮除。

（3）勾缝时，应尽量深勾，裂缝宽度大于 10mm 时，勾缝深度不小于 20mm；水泥路面纵横缝的勾缝最小深度不小于 50mm。

3. 清缝

（1）清缝时，一般采用空气压缩机近距离对勾好的缝进行喷吹，将缝内不易勾除的细小砂石等杂物清理干净。

（2）清缝要与勾缝配合进行。

4. 灌缝

（1）灌缝材料一般有加热型和常温型两种。

a. 加热型有热沥青油、沥青橡胶类混合料、沥青玛蹄脂等材料；

b. 常温型有乳化沥青、乳化沥青橡胶混合料、氯丁橡胶等材料。

（2）根据裂缝的宽度，采取以下方式进行灌缝：

a. 当缝宽小于 5mm 时，可直接采用热沥青油或乳化沥青灌缝；

b. 当缝宽大于 5mm 时，应使用沥青混合材料灌缝。一般情况下使用加热型沥青橡胶类混合料，其主要成分为：沥青、橡胶粉、复粉、木质纤维素，按重量比 1：1：2：1 比例混合并加热至约 80℃，直至固体沥青、橡胶粉、木质纤维素熔化，边加热边搅拌直至混合料均匀，颜色一致、不露白，并具有良好的流动性。

（3）灌缝时要根据缝的深度、宽度适当调控好喷头的流量，要尽量灌满，不漏灌。

（4）当灌缝材料凝固后，表面低于路面时，要及时补灌。

（5）整修缝边

a. 灌缝材料一般不宜超出裂缝边 10mm；对水泥路面的纵横缝，灌缝材料不得高出路面及溢出缝外，对高出路面及溢出缝外部分应人工刮除。

b. 完成作业后，应及时将施工场地清扫干净，清运余泥。待温度冷却低于 50℃后，才能开放交通。

5.3.5　验收

灌缝施工的质量检验及验收应满足表 5-2 要求：

表 5-2　道路灌缝施工质量要求

项目	质量要求及允许偏差	检验方法
深度	1. 裂缝宽度大于 10mm 时，勾缝的深度不宜小于 20mm。 2. 水泥路面纵横缝勾缝深度不少于 50mm	用尺量
宽度	1. 裂缝灌缝时不得溢出缝边 10mm。 2. 水泥路面纵横缝灌缝不得溢出缝外	用尺量
平整度	1. 裂缝灌缝时与周边路面高差不超出±2mm。 2. 水泥路面纵横缝灌缝应平路面，高差不超出±1mm	3m 直尺

5.3.6　安全文明施工要求

1. 施工时应减少对交通的影响，尽量避开白天交通高峰期，采用分车道单边顺车方向施工，不能同时占用二条或二条以上车道施工，尽量将工作范围缩小。

2. 采用风镐等机械拆除沥青混凝土时，防止激起的碎石对周围的行人或车辆造成伤害，在拆除作业点周边，采用彩条布、木板等材料进行局部封闭，无关人员不得靠近作业点，作业人员佩戴护目镜。

3. 施工现场应防止高温烫伤，作业人员应佩戴棉质手套及防护鞋等劳保用品，在摊铺作业过程中，作业人员与高温器具保持足够距离。

5.4　人行道装饰井环盖施工

为规范城市人行道装饰井环盖安装，统一技术标准，满足人行道安全、舒适、美观要求，保证城市人行道装饰井环盖安装施工质量，制定本工法（图 5-8）。

本工法适用于所有人行道、广场等公共或非公共场合的装饰井盖安装施工。

5.4.1　引用标准

1. 《城镇道路工程施工与质量验收规范》CJJ 1
2. 《混凝土结构设计规范》GB 50010
3. 《城镇道路养护技术规范》CJJ 36
4. 《砌筑砂浆配合比设计规程》JGJ/T 98

5.4.2 一般规定

1. 材料要求

人行道装饰井环及井盖底盘宜为同一种材质，一般可采用球墨铸铁、碳素结构钢、不锈钢等材料；井盖面层材料应与周边人行道材质一致。

2. 外观要求

人行道装饰井环及井盖底盘表面应完整、光滑，材质均匀，无影响产品使用的缺陷，保证井盖与井环的适配性。

3. 承载能力

人行道装饰井环盖的承载能力不应低于人行道的承载能力（一般 $6t/cm^2$）。

5.4.3 装饰井环盖安装作业流程图

人行道装饰井环盖施工流程（图 5-8）。

图 5-8　人行道装饰井环盖

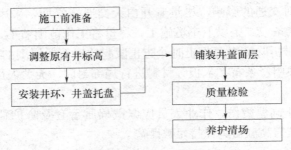

图 5-8　人行道装饰井环盖施工流程图

5.4.4 实施阶段

1. 施工准备

（1）摸查了解井盖规格、数量及权属单位并做好施工协调工作。

（2）施工作业人员须班前培训及技术交底，并做好相关作业人员情况记录。

（3）施工前准备好风炮机、发电机、环保防尘切割机等施工设备。

（4）施工前准备好装饰井环盖（必须采用符合设计要求的材料）、铺设材料（人行道砖、非机动车道彩色沥青等材料）、水泥、沙、量尺等。

2. 调整原有井面标高

（1）装饰井环盖安装前，应根据人行道设计标高对原有井进行升井或降井，并预留出井盖的高度，同时在原有井内铺设一张塑料布，防止掉落的混凝土石块损伤电缆和光纤，便于清淤。

（2）升井要求：将原有井提高至新建人行道设计标高以下约18cm，井身应采用C25混凝土浇注成型或用M7.5水泥砂浆砌筑。

（3）降井要求：拆除原有井框周边的水泥混凝土，降低或取出原有井框和井盖，并调整原有井盖高度至人行道设计标高以下 18cm，同时应保留原有井设计标准要求。

3. 安装井环、井盖托盘

（1）井圈用 M7.5 水泥砂浆找平后，固定井环，在井环周边缝隙浇注 C20 混凝土并找平，保证井环牢固不松动。

（2）严格控制井环与人行道标高高差 $H \leqslant 5mm$，应使井环边角与人行道砖的对缝顺接，可采用纵横挂线法来控制。

（3）井环安放应尽量与人行道砖铺设方向平行，同时根据原井尺寸合理放置，井环盖与井座间的支承面搭接宽度 $B \geqslant 7cm$，不允许使用较小尺寸井环，必要时适当加大井环尺寸。严禁盲目使用规格较大的装饰井环盖。

（4）井盖逐一按顺序安装，井盖与井盖、井盖与井环钢槽安装应牢固紧凑、不松动。检验方法可用两脚站在两块井盖内槽左右用力，看是否出现松动现象，边修正，边检验。

（5）井环养护初期应无移动下沉，固定井环的水泥砂浆不脱落，方可下一步工序。

4. 井盖内人行道砖铺设

（1）铺砖前须对井盖托盘混凝土洒水湿润，以保证水泥砂浆粘结性，彩砖切割前须用水浸润湿透。

（2）彩砖材料厚度应均匀和统一，质量符合相关规定要求。

（3）调平层一般采用 M7.5 水泥砂浆，强度必须符合设计要求，找平层厚度 $E \geqslant 10mm$，砂浆要涂抹均匀，同时保证铺装砖不下沉或翘动，防止彩砖与井盖底板间出现空隙而导致砖块碎裂现象。

（4）根据装饰井盖的数量尺寸，标出彩砖切割线，采用环保防尘切割机均匀缓慢沿分界线切开，如出现崩角、断裂纹等，须重新切割。

（5）彩砖应对缝平整铺设于井盖内，并用橡胶锤适度敲打，直到铺装砖无翘动现象。

（6）井盖内外砖高差应不大于 3mm，装饰井纵横缝直顺、清晰、饱满、对齐，允许偏差横缝和纵缝均应不大于 10mm。若井环金属边内外缝宽度不大于 20mm，则用细沙灌缝，若大于 20mm 则须用彩砖切块填缝。

（7）井盖拉环位置彩砖应切割成凹槽，无崩角、碎裂。

5.4.5　质量检验

1. 人行道装饰井外观、花纹应与周边人行道保持一致，不应有掉角、裂纹。

2. 井盖内铺砌物应稳固、表面平整、缝线直顺、缝宽均匀、灌缝饱满，无翘边、翘角、反坡、积水现象。

3. 行进盲道与指示盲道砌块铺砌正确。

4. 装饰井安装允许偏差应符合表 5-3 规定。

表 5-3　装饰井施工安装技术要求或允许偏差

项目	参数	技术要求或允许偏差（mm）	检验方法与频率
降井标高	H	150～250mm	用钢尺量，4 点/座

续表

项目	参数	技术要求或允许偏差（mm）	检验方法与频率
井框高差	D	井盖和人行道高差≤5mm	1m 直尺，1 点/座
相邻砖高差	A	≤3mm	用钢尺量，2 点/座
横缝直顺偏差	M	≤10mm	用线和钢尺量，1 点/座
纵缝直顺偏差	N	≤10mm	用线和钢尺量，1 点/座
金属边内外缝宽度	S	≤20mm：砂浆填缝	用钢尺量，1 点/座
		＞20mm：彩砖切块填缝	用钢尺量，1 点/座
井环盖与井座间的支承面搭接宽度	B	≥7cm	用钢尺量，4 点/座
找平层厚度	E	≥10mm	—
平整度		≤5mm	用 3m 直尺和塞尺量，1 点/座

5. 装饰井环盖的参数如图 5-9、图 5-10 所示。

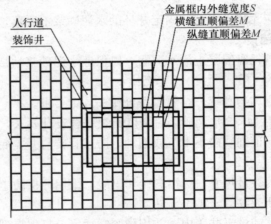

图 5-9　装饰井环盖平面示意图

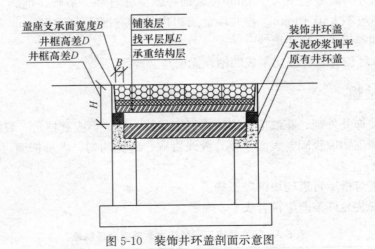

图 5-10　装饰井环盖剖面示意图

5.4.6 养护清场

1. 装饰井铺设完要用细砂扫缝，养护时间不少于人行道养护要求。

2. 养护期内检查井环盖铺面应牢固。

3. 养护期满清理场地，做好相关数量、尺寸、规格记录，待验收。

4. 根据旧井井盖原有标志在装饰井盖上设置相应标识，以便管线单位日后检修维护。

5.4.7 安全文明施工措施

1. 使用防尘切割机时要严格按照使用守则要求，保证安全。

2. 在进行升降井工作时必须做好安全防护措施，特别是进行排水管线井的施工时，要防止坠落和中毒事故。

3. 进行电缆井施工时，须严格按照电力部门关于电缆井施工的规定进行操作，做好防触电措施。

4. 施工完毕后，清除建筑垃圾，做到工完料清。

5. 施工作业人员进行施工场地必须穿戴反光衣和反光帽，同时做好施工人员作业培训和安全文明施工技术交底工作。施工作业安全应符合相关规范要求。

5.5 可调式排水井环盖施工

为规范可调式防盗球墨铸铁排水井环盖的施工作业，制定本施工工法，适用于城镇道路沥青路面圆形排水检查井井环盖的更换（图 5-11）。

图 5-11 可调式井环盖

5.5.1 引用标准

1. 《给水排水管道工程施工及验收规范》GB 50268

2. 《城镇道路工程施工与质量验收规范》CJJ 1

3. 《铸铁检查井盖》CJ/T 3012

5.5.2 一般规定

1. 当井环盖高差超出表 5-4 范围时，应予以更换。

表 5-4　井盖与井环间的允许误差（mm）

设施种类	盖框间隙	井盖与井框高差	井框与路面高差
检查井	＜8	＋5，－10	＋15，－15

2. 拆除旧井环盖时，应尽量减少开挖范围，不得扰动周边的路面结构层。

3. 施工作业宜安排在夜间进行，减少对城市交通和居民出行的影响。施工过程中应严格控制噪音。

4. 更换井环作业不得在雨天及环境温度低于 10℃时进行。

5. 井盖材料应符合《铸铁检查井盖》CJ/T 3012 的要求。

6. 施工前应对现场作业人员进行安全技术交底。

5.5.3 施工流程

可调式排水井环盖施工流程（图 5-12）。

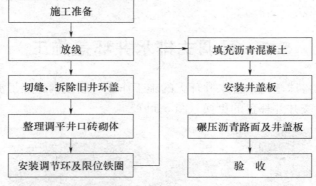

图 5-12　可调式排水井环盖施工流程图

5.5.4 实施阶段

1. 施工准备

（1）对作业现场进行施工围蔽。

（2）对需要更换井环盖的检查井进行检查，确定工作内容。

2. 放线

（1）以排水井中心为圆心，以井环盖板（直径为 850mm）外径周边向外伸出 200mm 为圆周，用粉笔划线，确定开挖路面的工作范围（直径为 1250mm）。

（2）当井环周边沥青路面出现下沉、开裂、破损等病害时，可适当增加作业范围。

3. 切缝、拆除旧井环盖

（1）采用切缝机沿定位线对沥青路面进行切缝，切缝深度应大于 50mm。

（2）采用风镐拆除旧井环及工作范围内的沥青混凝土，拆除深度约为 250mm。拆除时，要求槽壁垂直，尽量不扰动井体下层砖砌体。

（3）拆除工作完成后，应及时清理工作位内及落入检查井内的余泥杂物，余泥渣土应及时清运。

4. 整理调平井口砖砌体

（1）检查井身下层砖砌体有否松动，松动部分必须小心拆除。拆除时，不得扰动下层砖砌体。拆除部分需重新砌筑，砌筑时应使用早强水泥砂浆。

（2）将井口基底部位清理干净。

5. 安装调节环及限位铁圈

（1）测量路面至井面的高度，选择合适高度的混凝土调节环，控制路面至调节环表面的高度在 120～160mm 之间。

（2）在井体基层底面抹少量早强水泥砂浆，吊装并调平调节环。调节环应安装平稳、无松动。

（3）将铸铁限位铁圈，按照井环盖的安装方向，准确套入调节环中。安放时应平稳牢固，铁圈底部与调节环之间应无空隙。

6. 填充沥青混凝土

（1）将限位铁圈外坑槽内的杂物清理干净，在槽底和槽壁均匀铺洒乳化沥青粘层油。

（2）待粘层油破乳后，按原路面面层材料，向工作位内填充沥青混合料，边填充边用蛙式打夯机分层夯实，每层最大夯实厚度不宜大于 50mm。

（3）沥青混合料压实后的高度应与限位铁圈顶面持平。在填充过程中，应用盖板将铁圈口盖上，避免沥青混凝土落入井内。

（4）横跨限位铁圈位置沿水平方向布设十字定位线，定位线宜比原路面面层高 20mm，然后用带钩工具将限位铁圈调升至与定位线高度持平，在工作坑范围内继续填充沥青混合料与升高后的限位铁圈持平。

7. 安装井盖板

（1）取出限位铁圈，将井盖板放入预制好的结构中。井盖板安装时，放置应平稳，绞链位置与预制结构相对应，方向摆放正确。

（2）选用匹配的井盖板（盖面标识"雨水"或"污水"字样）进行安装。安装时，井盖板中心应与井身中心对齐，无倾斜、偏移，井盖文字图案方向应为顺车道观看方向。

8. 碾压沥青路面及井盖板

（1）井盖板及周边沥青混凝土碾压宜采用 10 吨压路机。

（2）压路机应从一侧向另一侧来回振动碾压，轮迹要重叠，碾压速度应缓慢而均匀，碾压遍数应不少于 4～6 遍，并派专人指挥。

（3）沥青混凝土表面应平整、密实、接缝紧密，不应有明显轮迹、推挤裂缝、脱落、烂边、油斑、掉渣等现象；井盖板无偏移、无损坏；不得污染其他构筑物。

（4）作业完成后，应及时将施工场地清扫干净，把杂渣运走。待沥青混凝土温度冷却低于 50℃，并验收合格后才能开放交通。

5.5.5 验收

可调式防盗球墨铸铁排水井环盖施工质量检验及验收应满足表 5-5 要求：

表 5-5　可调式防盗球墨铸铁排水井环盖质量检验表

项目	质量要求及允许偏差	检验方法
井环盖	井盖方向与行车方向一致。	目测
铺筑	沥青混合料面层粗细均匀、无裂缝、碾压紧密、无明显轮迹。	目测
平整度	路面平整,井框与路面高差应控制在±5mm 以内。	3m 直尺
接边	接边密实,无起壳、松散,平顺齐直。	1m 直尺
横坡度	与原路面横坡相一致,不得有积水。	目测
压实度	大于或等于95%。	取芯

5.5.6　安全文明施工要求

1. 采用风镐等机械拆除沥青混凝土时,防止激起的碎石对周围的行人或车辆造成伤害,在拆除作业点周边,采用彩条布、木板等材料进行局部封闭,无关人员不得靠近作业点,作业人员佩戴护目镜。

2. 施工现场应防止高温烫伤,作业人员应佩戴棉质手套及防护鞋等劳保用品,在摊铺作业过程中,作业人员与高温器具保持足够距离。

3. 在敞开的检查井周边施工时,井口应加盖,防止人员或物品落入井内。

5.6　桥梁 BEJ 伸缩缝施工

为了规范桥梁 BEJ 伸缩缝施工作业,特制定本施工工法,适用于桥梁 BEJ 伸缩缝新建及维修施工(图 5-13)。

图 5-13　桥梁伸缩缝

5.6.1　引用标准

1. 《公路桥梁伸缩装置通用技术条件》JT/T 327
2. 《城市桥梁工程施工与质量验收规范》CJJ 2

5.6.2 一般规定

1. BEJ 伸缩缝施工应避免在雨天施工,桥面铺装层含水时不宜安排施工。

2. BEJ 伸缩缝新建与维修原则上应按设计图或原缝规格、尺寸施工。

3. BEJ 伸缩缝维修如受交通影响需要分车道施工时,缝两侧型钢接口位置宜至少错开约 200mm,把型钢接口端切成坡口状,使两缝接口处呈"V"型。

4. 焊接安装施工应满足钢结构焊接施工规范相关要求,采用的焊条应与钢材母材相匹配。

5. 施工前,应查阅桥梁相关设计图纸、技术资料,进行图纸会审;对 BEJ 伸缩缝施工各项工序、关键技术和注意事项等对施工作业人员进行技术、安全交底。

5.6.3 施工流程图

桥梁 BEJ 伸缩缝施工流程(图 5-13)。

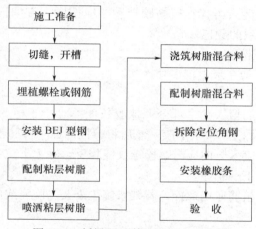

图 5-13 桥梁 BEJ 伸缩缝施工流程图

5.6.4 实施阶段

1. 施工准备

(1)伸缩缝施工通常在交通繁忙的桥面进行作业,必须按相关要求做好安全围蔽警示,防止社会车辆撞进施工区域。

(2)对施工位置进行勘查,了解清楚伸缩缝各项技术要求和施工位置的梁体、承台或墩台结构。

2. 切缝、开槽

(1)按照设计要求或按原缝的尺寸进行切缝,切缝要平直,缝深控制在 50mm 以上。

(2)采用风镐等小型机械凿除铺装层进行开槽,槽深应不少于 80mm;凿出的槽壁应平直,并将槽内的碎混凝土清理干净。开槽作业时尽量少破坏、扰动相邻桥面铺装层。

(3)对槽底进行凿毛处理,但不得破坏桥梁结构部分。凿毛后,使用空气压缩机将槽内的混凝土渣、灰尘及杂物吹干净。

3. 埋植螺栓或钢筋

（1）钻孔。

新建工程按设计要求进行钻孔；旧缝修复应按原缝植筋间距以及排列形式进行钻孔。旧缝修复时，新钻孔位置宜避开原植筋孔位。

钻孔深度不小于植筋或螺栓直径的 10 倍，钻孔直径应比植筋的直径稍大。完成钻孔后，使用高压空气进行吹孔，将孔内灰尘吹干净。

（2）配制植筋胶。植筋胶采用环氧高分子材料，一般为双组份或多组份成套配备。植筋胶配制应满足下列要求：

a. 胶体每次拌和量应根据胶体的固化时间而定，拌好的粘结剂在固化开始前应使用完毕，过时不再用。

b. 一次能用完一整套包装的量时不必称量；用胶量较少时，分别取出两种或多种组份，并按材料配比说明书的比例称量准确，计量误差不得超过 1%，使用天平或台秤进行称量。

c. 拆开包装后全部倒进同一容器中混合并搅拌均匀，拌和容器清洁，不能有灰尘、水分和油渍，也不得将剩胶混入再拌。植筋胶拌和时应按同一方向搅拌，直至肉眼观察无丝状、无色差，呈现均匀一致的颜色。

d. 不同组份不得相互接触。

e. 植筋胶配制时，严禁在灰尘较多处拌和。

（3）植筋。

将植筋胶均匀抹于钢筋植入孔中部分，抹胶长度不宜小于植入深度 80%。植筋前先向钻孔内填入部分（约为孔深 1/3）植筋胶，然后将螺栓涂抹了植筋胶的一端旋入孔内。

旋入锚固螺栓时，其旋入方向应与螺栓螺纹线相反，并上下拉动螺栓，使孔内植筋胶饱满，待完全固化才可进入下一工序。

植筋施工原则上使用植筋专用螺栓，若维修施工需要当晚完成施工，可采用膨胀螺栓代替植筋专用螺栓。

4. 安装 BEJ 型钢

（1）伸缩缝型钢安装应满足以下要求：

a 按伸缩缝设计变形量或原缝宽调整缝两侧型钢间距。

b. 伸缩缝型钢必须与桥面衔接平顺，型钢位置走向与桥缝位保持一致。

c. 型钢与相邻桥面的高差控制在 2mm 以内。

d. 伸缩缝型钢应在防撞墙内向上弯起 100mm。

（2）安装步骤：

a. 平行缝位方向进行通线，调整型钢位置与桥缝位一致。

b. 每隔 1m 用直径 12mm 的螺纹短钢筋与缝两边的型钢在顶面垂直焊接，对缝宽进行限位。

c. 从型钢一端开始每隔 3m 用长度约 1m 的槽钢（规格：100mm×100mm）做横担，与型钢垂直放置，将型钢架设在开好的槽内。

d. 每隔 1m 在槽位两边垂直型钢方向拉线逐点拉线检查型钢的高度，如发现不符合要求，利用横担和已埋植的螺栓将型钢调整定位。

e. 将海绵条嵌入型钢橡胶条卡槽将其塞满，再将泡沫板插入到缝中位置，并用海绵条将型钢与槽底间空隙塞满。

5. 配制粘层树脂

（1）热拌粘层树脂一般为双组份混合料并成套配制（A、B料），不同厂家双组份混合料的配比不同，具体按材料说明的比例配制。将按比例配制好的粘层树脂加热至约 60～70℃，并搅拌均匀。

（2）冷拌粘层树脂一般为双组份混合料并成套配制（A、B料），不同厂家双组份混合料的配比不同，具体按材料说明的比例配制。将两组份材料倒进桶或其他容器进行混合，常温下搅拌至均匀。

6. 喷洒粘层树脂

（1）喷洒粘层树脂前应用空气压缩机将槽和邻近桥面的粉尘吹干净。

（2）在槽底、槽壁、型钢侧面喷洒上粘层树脂材料，注意喷洒均匀、饱和，不漏点。

（3）使用热拌粘层树脂应在树脂加热至要求温度后搅拌均匀立即喷洒；冷拌粘层树脂宜在半小时内喷洒完毕。

7. 配制树脂混合料

（1）热拌树脂混合料配制：

a. 热拌树脂混合料由树脂料与骨料组成，应根据不同厂家材料说明的配合比和温度控制要求进行配制。

b. 将树脂混合料按比例配制并宜加热至约 60～70℃，搅拌均匀。

c. 骨料在出厂时已按比例混合，成包提供，施工时宜将骨料加热至 50～60℃左右。

d. 按厂家材料配比的要求，将树脂料与骨料倒进搅拌机搅拌均匀一致（树脂与骨料充分混合，不露白），搅拌时间宜控制在 5min 左右。

（2）冷拌混合料配制：

a. 冷拌树脂混合料由树脂料与骨料组成，应根据不同厂家材料说明的配合比要求进行配制。

b. 将树脂混合料按比例配制并搅拌均匀。

c. 冷拌树脂混合料的骨料在出厂时已按比例混合，成包提供，使用时不需加热。

d. 按厂家材料配比的要求，将树脂料与骨料倒进搅拌机搅拌均匀一致（树脂与骨料充分混合，不露白），搅拌时间宜控制在 2min 左右，如果气温低于 10℃则搅拌时间宜适当延长 1～2min。

8. 浇筑树脂混合料

（1）树脂混合料一般分两次在槽内浇筑。第一次将料面浇筑至离型钢顶约 20mm，使用灰刀压抹初次整平后，立即进行第二次浇筑，并用灰刀在表面压抹使之内部密实，浇筑完成面应与型钢顶面及桥面铺装层相平。第二次浇筑应在第一次浇筑的树脂混合料固化前完成。

（2）浇筑热拌混合料时应将灰刀加热至 80℃左右；浇筑冷拌混合料时应用植物油涂刷灰刀表面防止粘料。

（3）在纵坡较大的桥面进行伸缩缝施工时，应密切留意观察浇注好的树脂是否发生流动，在树脂固结前，一般需要多次进行整平，保持树脂刚性带的平整度。

9. 拆除定位角钢

捣筑完成后，静置 3～4 小时，待树脂固结后拆去定位角钢和限位钢筋，并将型钢焊口打磨平整，拆除作业时，注意不要伤及树脂混合料表面。

10. 安装橡胶条

将型钢橡胶条卡槽内的海绵条、缝间填充的泡沫板、海绵条及杂物清除，使用钝头的小铁钎及铁锤将胶条嵌入缝内。嵌入橡胶条时，避免使用尖锐的工具，以防止损伤胶条，橡胶条应在防撞墙内弯起 100mm。

5.6.5 验收

BEJ 伸缩缝施工质量检验及验收应满足表 5-6 要求：

表 5-6 BEJ 伸缩缝施工质量检验要求

项目	允许偏差（mm）	检验频率		检验方法
		范围	点数	
顺桥平整度	符合道路标准	每条缝		按道路检验标准检测
相邻板差	2		每车道 1 点	用钢板尺和塞尺量
缝宽	符合设计要求			用钢尺量，任意选点
与桥面高差	2			用钢板尺和塞尺量
长度	符合设计要求		2	用钢尺量

5.6.6 安全文明施工措施

1. 采用风镐等机械拆除旧混凝土时，防止激起的碎石对周围的行人或车辆造成伤害。在拆除作业点周边，采用彩条布、木板等材料进行局部封闭，无关人员不得靠近作业点。

2. 施工现场需要电焊焊接作业，施工过程要注意用电安全，焊接操作工人戴好绝缘手套、防护面罩等防护用具。

3. 采用热拌法配制树脂填缝料时需要用明火，容易引发火险，施工现场配备灭火筒等消防器材，将易燃物品远离热拌明火区域放置；工人施工时戴厚棉质手套。

4. 施工过程中应严格控制噪音，尽量将产生噪音的工序（如拆除作业）安排在夜晚 10 点前施工。

5.7 桥梁仿毛勒伸缩缝施工

为了指导仿毛勒伸缩缝施工作业，特制定本施工工法，适用于桥梁仿毛勒伸缩缝新建和维修施工（图 5-14）。

图 5-14　仿毛勒伸缩缝

5.7.1　引用标准

1.《公路桥梁伸缩装置通用技术条件》JT/T 327
2.《城市桥梁工程施工与质量验收规范》CJJ 2

5.7.2　一般规定

1. 仿毛勒伸缩缝施工应避免在雨天施工，桥面铺装层含水时不宜安排施工。

2. 仿毛勒伸缩缝新建与维修原则上应按设计图或原缝规格、尺寸施工。

3. 仿毛勒伸缩缝维修如受交通影响需要分车道施工时，缝两侧型钢接口位置宜至少错开约 200mm，把型钢接口端切成坡口状，使两缝接口处呈 "V" 型。

4. 焊接安装施工应满足钢结构焊接施工规范相关要求，采用的焊条应与钢材母材相匹配。

5. 施工前，应查阅桥梁的相关设计图纸、技术资料，进行图纸会审；对仿毛勒伸缩缝施工各项工序、关键技术和注意事项等对施工作业人员进行技术、安全交底。

5.7.3　施工流程图

仿毛勒伸缩缝施工流程（图 5-15）。

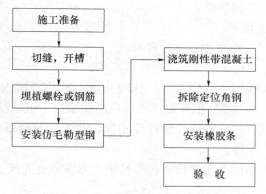

图 5-15　仿毛勒伸缩缝施工流程图

5.7.4 实施阶段

1. 施工准备

（1）伸缩缝施工通常在交通繁忙的桥面进行作业，必须按相关要求做好安全围蔽警示，防止社会车辆撞进施工区域。

（2）对施工位置进行现场勘查，了解清楚伸缩缝各项技术要求和施工位置的梁体、承台或墩台结构。

2. 切缝、开槽

（1）按照设计要求或按原缝的尺寸进行切缝，切缝要平直，缝深控制在 50mm 以上。

（2）采用风镐等小型机械凿除铺装层进行开槽，槽深应不少于 80mm；凿出的槽壁应平直，并将槽内的碎混凝土清理干净。开槽作业时尽量少破坏、扰动相邻桥面铺装层。

（3）对槽底进行凿毛处理，但不得破坏桥梁结构部分。凿毛后，使用空气压缩机将槽内的混凝土渣、灰尘及杂物吹干净。

3. 埋植螺栓或钢筋

（1）钻孔

新建工程按设计要求进行钻孔；旧缝修复应按原缝植筋间距以及排列形式进行钻孔。旧缝修复时，新钻孔位置宜避开原植筋孔位。

钻孔深度不小于植筋或螺栓直径的 10 倍，钻孔直径应比植筋的直径稍大。完成钻孔后，使用高压空气进行吹孔，将孔内灰尘吹干净。

（2）配制植筋胶。植筋胶采用环氧高分子材料，一般为双组份或多组份成套配备。植筋胶配制应满足下列要求：

a. 胶体每次拌和量应根据胶体的固化时间而定，拌好的粘结剂在固化开始前应使用完毕，过时不再用。

b. 一次能用完一整套包装的量时不必称量；用胶量较少时，分别取出两种或多种组份，并按材料配比说明书的比例称量准确，计量误差不得超过 1%，使用天平或台秤进行称量。

c. 拆开包装后全部倒进同一容器中混合并搅拌均匀，拌和容器清洁，不能有灰尘、水分和油渍，也不得将剩胶混入再拌。植筋胶拌和时应按同一方向搅拌，直至肉眼观察无丝状、无色差，呈现均匀一致的颜色。

d. 不同组份不得相互接触。

e. 植筋胶配制时，严禁在灰尘较多处拌和。

（3）植筋。

将植筋胶均匀抹于钢筋植入孔中部分，抹胶长度不宜小于植入深度 80%。植筋前先向钻孔内填入部分（约为孔深 1/3）植筋胶，然后将螺栓涂抹了植筋胶的一端旋入孔内。

旋入锚固螺栓时，其方向应与螺栓螺纹线相反，并上下拉动螺栓，使孔内植筋胶饱满，待完全固化才可进入下一工序。

植筋施工原则上使用植筋专用螺栓，若维修施工需要当晚完成施工，可采用膨胀螺栓代替植筋专用螺栓。

4. 安装仿毛勒型钢

（1）伸缩缝型钢安装应满足以下要求：

a. 按设计图纸或原缝钢筋网布置样式，制作与型钢连接的刚性带范围的钢筋网，并与型钢焊接牢固。

b. 按伸缩缝设计变形量或原缝宽调整缝两侧型钢间距。伸缩缝型钢必须与桥面衔接平顺，型钢位置走向与桥缝位保持一致。

c. 型钢与相邻桥面的高差控制在 2mm 以内。

d. 伸缩缝型钢应在防撞墙内向上弯起 100mm。

（2）安装步骤

a. 平行缝位方向进行通线，调整型钢位置与桥缝位一致。

b. 每隔 1m 用直径 12mm 的螺纹短钢筋与缝两边的型钢在顶面垂直焊接，对缝宽进行限位。

c. 从型钢一端开始每隔 3m 用长度约 1m 的槽钢（规格：100mm×100mm）做横担，与型钢垂直放置，将型钢架设在开好的槽内。

d. 每隔 1m 在槽位两边垂直型钢方向拉线逐点拉线检查型钢的高度，如发现不符合要求，利用横担和已埋植的螺栓将型钢调整定位。

e. 将海绵条嵌入型钢橡胶条卡槽将其塞满，再将泡沫板插入到缝中位置，并用海绵条将型钢与槽底间空隙塞满。

5. 浇筑刚性带混凝土

（1）按设计要求强度选择刚性带混凝土，一般维修工程混凝土标号不低于 C40。

（2）刚性带混凝土宜添加钢纤维，每立方米混凝土宜添加 75kg 钢纤维，添加钢纤维后混凝土必须再次搅拌至均匀。

（3）浇筑混凝土前，应将槽内及邻近的桥面用空气压缩机将灰尘、杂物吹干净；将槽壁及槽底洒水湿润；沿缝边粘上大于 100mm 宽的胶纸；在缝的周围铺上塑料薄膜或施工彩条布，避免浇注混凝土时污染周边路面。

（4）刚性带混凝土浇筑时，宜使用振动棒振捣密实，控制好平整度使完成面与型钢相接的桥面铺装层衔接平顺。

（5）在纵坡较大的桥面进行伸缩缝施工时，应密切留意观察浇筑好的混凝土是否发生流动，在混凝土初凝前，一般需要多次进行整平，保持刚性带的平整度。

6. 拆除定位角钢

混凝土浇筑完成后，待达到一定强度后（接近初凝，若采用快速混凝土一般在浇筑后 2～3 小时）拆去定位角钢及限位钢筋，并将型钢焊口打磨平整，拆除作业时注意不要伤及混凝土面。

7. 保养

采用湿麻袋等保湿养护方法对水泥混凝土进行保养，快速混凝土保湿养护一般不少于 24 小时。

8. 安装橡胶条

将型钢橡胶条卡槽内的海绵条、缝间填充的泡沫板、海绵条及杂物清除。用钝头的小铁钎及铁锤将胶条嵌入缝内。嵌入橡胶条时，避免使用尖锐的工具，以防止损伤胶条，橡胶条应在防撞墙内弯起 100mm。

5.7.5 验收

仿毛勒伸缩缝施工质量检验及验收应满足表 5-7 要求。

表 5-7　伸缩缝允许偏差表

项目	允许偏差（mm）	检验频率		检验方法
		范围	点数	
顺桥平整度	符合道路标准			按道路检验标准检测
相邻板差	2	每条缝	每车道 1 点	用钢板尺和塞尺量
缝宽	符合设计要求			用钢尺量，任意选点
与桥面高差	2			用钢板尺和塞尺量
长度	符合设计要求		2	用钢尺量

5.7.6 安全文明施工措施

1. 采用风镐等机械拆除旧混凝土时，应防止激起的碎石对周围的行人或车辆造成伤害。在拆除作业点周边，采用彩条布、木板等材料进行局部封闭，无关人员不得靠近作业点。

2. 施工现场电焊焊接作业，过程要注意用电安全，焊接操作工人应戴好绝缘手套、防护面罩等防护用具。

3. 拆除作业噪声较大，施工过程中应严格控制噪声，尽量将产生噪声的工序如拆除作业安排在夜晚 10 点前施工。

5.8　桥梁加固壁可法灌缝施工

为了规范壁可法灌缝施工作业，特制定本工法，适用于混凝土构件裂缝使用壁可法灌缝作业（图 5-16）。

图 5-16　壁可法施工

5.8.1　引用标准

1.《公路桥梁加固施工技术规范》JTG/T J23。
2.《公路桥梁加固设计规范》JTG/T J22。

5.8.2　一般规定

1. 使用壁可法对混凝土构件裂缝进行灌缝，要求裂缝宽度≥0.02mm。
2. 裂缝修补胶除应符合《公路桥梁加固设计规范》JTG/T J22 第四章的相关规定外，还应符合下列要求：
（1）裂缝修补胶浆液的黏度小，渗透性、可灌性好。
（2）裂缝修补胶浆液固化后收缩性小；固化后不应遗留有害化学物质。
（3）固化时间可调节；灌胶工艺简便。
3. 施工前，应查阅相关设计图纸、技术资料，进行图纸会审；就钢板粘贴施工各项工序、关键技术和注意事项等对施工作业人员进行技术、安全交底。

5.8.3　施工流程图

壁可法灌缝施工流程如图 5-17 所示。

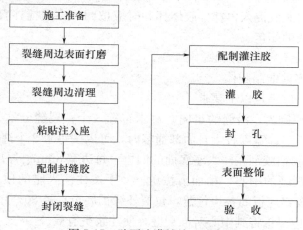

图 5-17　壁可法灌缝施工流程图

5.8.4　实施阶段

1. 施工准备
（1）按相关要求做好安全围蔽警示，防止社会车辆、船只进入施工区域。
（2）根据工程实际需要搭设作业平台。作业平台搭设必须制定专项方案，并对其进行相关的验算。
（3）对施工位置进行现场勘查，了解清楚梁体、承台或墩台等加固构件灌缝位置的实际情况。
（4）使用裂缝卡或其他器具测量裂缝宽度。

2. 裂缝周边表面打磨

（1）对混凝土表面沿裂缝走向宽约 80mm 范围用砂轮、钢丝刷等工具进行打磨，以清除水泥翻沫、苔藓、油污。

（2）混凝土表面质量不良、缝两侧有较多细微龟裂的部位，清理混凝土表面沿裂缝走向宽约 100mm 范围。

（3）凿除缝两侧疏松的混凝土块和砂粒，直至露出坚实的混凝土表面。

3. 裂缝周边清理

使用空压机对裂缝周边的灰尘进行清理。

4. 粘贴注入座

（1）配制粘结胶。根据设计要求的各项技术指标选择并配制粘结胶，粘结胶配制应满足下列要求：

a. 一般使用 101 号胶高分子材料进行补平。

b. 101 号胶一般为双组分或多组分成套配备。胶体每次拌和量应根据胶体的固化时间而定，拌好的胶料剂在固化开始前应使用完毕，过时不再用。

c. 一次能用完一整套包装的量时不必称量；用胶量较少时，分别取出两种或多种组分，并按材料配比说明书的比例，使用天平或台秤进行称量，计量误差不得超过 1%。

d. 拆开包装后全部倒进同一容器中混合并搅拌均匀，拌和容器应清洁，不能有灰尘、水分和油渍，也不得将剩胶混入再拌。胶体拌和时应按同一方向搅拌直至肉眼观察无丝状、无色差、呈现均匀一致的颜色。

e. 余留的胶体组分不得相互接触。

f. 严禁在灰尘较多处配制胶体。

（2）粘贴注入座，应满足以下要求：

a. 注入座的布置原则为：沿缝的走向，每米布置 3 个；裂缝分岔处的交叉点应设注入座，另一侧完全封闭；裂缝宽度较大且内部通畅时，可以按每米 2 个注入座的密度来布置。

b. 用灰刀取少量胶粘胶刮在注入座底面的四边，每边宽 8mm、厚度不小于 5mm。

c. 将注入孔对正裂缝的中心，稍加力按压。一手按住注入座的顶端，防止其移位，另一只手用灰刀取粘贴胶将底板的各边包覆，包覆外缘扩展至直径 80~100mm 的圆形范围。

d. 粘贴注入座时应尽量将其中心对准裂缝，使注浆更有效。

e. 粘贴过程中注意注入孔不要被胶堵塞，粘好后不要再移动注入座（图 5-18）。

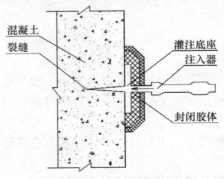

图 5-18　注入座粘贴安装示意图

5. 配制封缝胶

封缝胶一般采用 101 号胶，其配制方法和注意事项可参照前述。

6. 封闭裂缝

(1) 沿裂缝走向 30mm 宽的范围内用抹刀刮抹封缝胶，对裂缝周边进行密封，封缝胶厚度不小于 2mm。

(2) 应用封缝胶对混凝土表面缝两侧有较多细微龟裂的部位进行抹胶封闭处理。

7. 配制灌注胶

根据设计要求的各项技术指标选择并配制灌缝胶，灌缝胶配制方法和注意事项可参照前述。

8. 灌胶

(1) 使用泵将配制好的灌缝胶浆液压进橡胶囊灌注器里，当浆液充满灌注器的限制套时（橡胶囊最大外径增加至 40~50mm）停止泵入。

(2) 将灌注器与灌注座连接，利用橡胶囊的回缩压力把胶液注入裂缝中。

(3) 对竖向、斜向分布的裂缝注浆时，为保证注浆饱满，应采取从下至上的顺序，从最低点开始灌注浆液。

(4) 水平方向裂缝灌胶应从端点开始。

9. 封孔

对其中一个注入座进行灌胶，当与之相邻的注入座有胶液连续均匀流出时，可将该点的灌注器拔出，连接至相邻注入座进行灌浆，并用事先准备好的堵孔塞对完成灌胶的注入座进行堵孔。

10. 表面整饰

灌缝胶固化后，敲掉注入座，用砂轮机把注入座粘贴胶打磨平整。

5.8.5　验收

壁可法灌缝施工质量检验及验收应满足表 5-8 要求。

表 5-8　壁可法灌缝施工质量检验要求

检验项目	合格标准	检验方法	频数
表面封缝材料固化质量	固化后均匀、平整，不出现裂缝，无脱落	目测	全部
劈裂抗拉强度	1. 沿裂缝方向施加的劈力，其破坏发生在混凝土部分（即内聚破坏）； 2. 破坏虽有部分发生在界面上，但其破坏面积不大于破坏总面积的 15%	取芯法（胶体达到 7 天固化期）	

5.8.6　安全文明施工要求

1. 作业期间，派专人对平台上的人员、材料、机械分布情况进行检查，避免平台超荷、偏载发生倒塌。

2. 作业平台容易被车辆、船只碰撞造成损坏甚至坍塌。施工期间桥底继续通车通航的桥梁，应在车道、航道做好清晰的交通引导和设置警示、限高标志，并且安排专人进行瞭望，尽量避免碰撞事故的发生。

3. 所有平台上的人员必须扣上安全索、戴硬质安全帽；搭设在水上的作业平台还要配备救生圈、工人要穿救生衣。

4. 灌缝胶滴落，容易对施工人员眼睛、皮肤造成伤害。灌胶作业时现场所有人员必须戴护目镜、手套和长袖衣。

5. 用泵将灌注浆液压入灌注器胶囊时，注意控制好压力，防止浆灌注器撑爆，浆液飞溅入眼睛等身体部位。

6. 如果使用丙酮对裂缝或混凝土表面来清洗，现场必须做好防火措施，配备灭火筒等消防器材，满足消防相关要求。施工现场要做好通风措施，在场人员宜佩戴防毒呼吸器具。

7. 使用钢丝刷、砂轮机等进行打磨时，工人必须佩戴防尘口罩，现场做好通风措施。

8. 施工用的各种胶体原料应密封储存，远离火源，避免阳光直接照射。胶体的配制和使用场所，应保持通风良好。

5.9　桥梁加固碳纤维布粘贴施工

为了规范桥梁工程碳纤维布粘贴施工作业，制定本施工工法，适用于桥梁钢筋混凝土构件粘贴碳纤维布加固施工（图 5-18）。

图 5-18　碳纤维布粘贴施工

5.9.1　引用标准

1.《公路桥梁加固施工技术规范》JTG/T J23
2.《公路桥梁加固设计规范》JTG/T J22

5.9.2　一般规定

1. 粘贴碳纤维布加固适用于抗弯拉能力或者承载能力不足的钢筋混凝土构件，但该加固工艺不适于发生剪切破坏的混凝土构件。

2. 雨天或空气潮湿条件下不宜施工；环境相对湿度大于 80％不宜施工。因特殊需要在潮湿的构件上施工，必须烘干构件表面或采用专门的胶剂。

3. 碳纤维布粘贴宜在 5～35℃的环境温度条件下进行，胶剂的选用应满足使用环境温度要求。

4. 碳纤维粘贴施工用胶除满足《公路桥梁加固设计规范》JTG/T J22 要求外，尚应符合下列要求：胶体固化后收缩性小；工艺简便；固化后不遗留有害化学物质。

5. 施工前，应查阅相关设计图纸、技术资料，进行图纸会审；对施工各项工序、关键技术和注意事项等对施工作业人员进行技术、安全交底。

6. 施工前，应对混凝土构件碳纤维粘贴范围的裂缝或破损位置进行修复。

5.9.3 施工流程图

桥梁工程碳纤维布粘贴施工流程（图 5-18）。

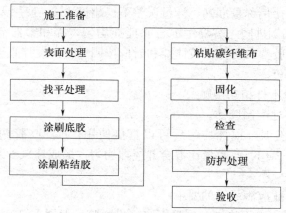

图 5-18 桥梁工程碳纤维布粘贴施工流程图

5.9.4 实施阶段

1. 施工准备

（1）按相关要求做好安全围蔽警示，防止社会车辆、船只撞进施工区域。

（2）根据工程实际需要搭设作业平台。作业平台搭设必须制定专项方案，并对其进行相关的验算。

（3）对施工位置进行现场勘查，了解清楚梁体、承台或墩台等加固构件碳纤维布粘贴位置的实际情况。

（4）依据设计图的要求并结合现场测量，在混凝土表面放出粘贴碳纤维位置大样，可采用弹墨线的办法进行放线。

2. 表面处理

（1）使用钢丝刷、砂轮机对碳纤维粘贴区域表面进行打磨，磨去 2～3mm 的表层，清除表面浮浆，剔除表层疏松物，露出坚实的混凝土，形成平整的粗糙表面。

（2）对被加固构件表面的毛刺，应用砂轮机或钢丝刷打磨平整。

（3）用空气压缩机吹净表面粉尘。

（4）打磨清理后，应对混凝土构件钢板粘贴范围的裂缝或破损位置进行修复。

3. 找平处理

（1）拉线检查。对钢板粘贴范围进行拉线检查，将局部凸起位置打磨平整，将凹陷位置补平。粘贴面阳角应打磨成圆弧状，阴角以修补材料填补成圆弧倒角，圆弧半径不应小于 25mm。

（2）配制找平材料。根据设计要求的各项技术指标选择并配制找平材料。找平材料配制应满足下列要求：

a. 一般使用 101 号胶或 E2500 环氧砂浆等高分子材料进行补平。修补面积较小或修补深度较浅时宜用 101 号胶修补；面积大且较深的凹陷位宜采用 E2500 环氧砂浆进行修补。

b. 101 号胶和 E2500 胶一般为双组份或多组份成套配备。胶体每次拌和量应根据胶体的固化时间而定，拌好的粘结剂在固化开始前应使用完毕，过时不再用。

c. 一次能用完一整套包装的量时不必称量；用胶量较少时，分别取出两种或多种组份，并按材料配比说明书的比例称量准确，计量误差不得超过 1%，使用天平或台秤进行称量。

d. 拆开包装后全部倒进同一容器中混合并搅拌均匀，拌和容器清洁，不能有灰尘、水分和油渍，也不得将剩胶混入再拌。胶体拌和时应按同一方向搅拌直至肉眼观察无丝状、无色差呈现均匀一致的颜色。

e. 余留的胶体组份不得相互接触。

f. 严禁在灰尘较多处配制胶体。

g. 101 号胶两种组份混合搅拌均匀后可以直接使用；E2500 胶两种组份混合搅拌均匀后，与石英砂、复粉按 2∶6∶5 重量比混合并搅拌均匀，形成环氧砂浆对混凝土表面凹陷位置进行修补。

（3）找平。找平作业应满足下列要求：

a. 在凹陷位置混凝土表面涂刷一层界面胶（界面胶一般用 E810 胶，使用 101 号胶修补时不需涂刷界面胶），界面胶是高分子材料，一般为双组份成套配备。

b. 在界面胶指触干燥后，使用灰刀将修补材料刮压入凹陷位置直至将其填平（凹陷位置较深时应分多次进行），并将其表面刮平整，不出现毛刺。

c. 待材料固化后用钢丝刷、砂轮机等将修补部分打磨平整。

4. 涂刷底胶

（1）根据设计要求的各项技术指标选择并配制底胶。底胶一般采用 E810 胶。

（2）用滚筒或软毛刷将底胶均匀涂刷在混凝土表面（采用 101 号胶或 E2500 环氧砂浆修补后的位置不需涂底胶），在底胶固化后，即进行下一工序的施工。

（3）涂刷底胶时要均匀，不得漏刷、流淌或有气泡。

（4）若涂胶面上有毛刺，应用砂纸打磨平顺，若胶层被磨损，应重新涂刷。

（5）底胶固化后应尽快进行下一道工序，若涂刷时间超过 7 天，应清除原底胶，用砂轮机磨除，重新涂刷。

5. 涂刷粘结胶

（1）根据设计要求的各项技术指标选择并配制粘结胶。粘结胶一般采用 E2500 胶。

（2）用滚筒或软毛刷在处理好的粘贴面上均匀地刷上粘贴胶。涂刷粘结胶时要均匀，不得漏刷、流淌或有气泡。

6. 粘贴碳纤维布

（1）按照设计尺寸裁剪碳纤维布，将其用手轻贴于需粘贴的位置。

（2）采用专用的滚子顺纤维方向多次滚压，挤除气泡，使粘结胶充分浸透碳纤维布（当粘结胶从碳纤布粘贴面均匀充分渗透至外表面时可视为充分浸透）。

（3）每次压胶必须保持向同一方向滚压。

（4）对滚压完成后出现的气泡可以在粘结胶固化前用针将其刺破，然后在出现气泡的范围进行补胶并用滚筒适当滚刷。

（5）粘贴碳纤维布应注意以下几点：

a. 选用的滚子应在滚压过程中不产生静电，且不得损伤碳纤维布。

b. 粘贴碳纤维布时尽量不断开，在必须断开的部位采用搭接施工，搭接位置应避开主要受力区且搭接长度满足设计要求，如设计无特别说明搭接长度一般不小于 100mm。

c. 对水平构件粘贴碳纤维布加固时，碳纤维施工应选择从其中一端开始向另一端推进。竖向、斜线粘贴碳纤布时，应按照由上至下的顺序进行。

d. 当采用多条或多层碳纤维材料加固时，在每层或每条碳纤维表面的粘结胶固化并检查合格后，即进行下一层或下一条粘贴，并且压胶时每层每条纤维布滚压胶必须为同一方向。完成粘贴后，在最后一层碳纤维布的表面均匀涂抹浸渍树脂。

7. 固化

完成粘贴的碳纤布一般采用自然风干固化，在此期间，环境温度宜不低于 5℃，相对湿度宜不大于 80%。

8. 检查

在粘结胶固化后，用肉眼对粘贴的碳纤维布进行检查，对出现气泡不多的碳纤维布可用针将气泡刺破，然后用针筒将粘结胶注入气泡内进行补胶。若出现气泡的面积大于总面积 5%，则碳纤维布粘贴无效，应剥下重新粘贴。

9. 防护处理

按设计要求涂刷防火防紫外线的油漆，防止碳纤维布受阳光照射而产生老化或者被明火引燃。

5.9.5　验收

碳纤维粘贴施工质量检验及验收应满足表 5-9 要求。

表 5-9　碳纤维布粘贴质量检验要求

检验项目		合格标准	检验方法	频数
碳纤维布粘贴误差		中心线偏差≤10mm	钢尺测量	全部
碳纤维布粘贴数量		≥设计数量	计算	全部
粘贴质量	空鼓面积之和与总粘贴面积之比	小于 5%	小锤敲击法	全部或抽样
	粘贴剂厚度（布材）	<2mm	钢尺测量	每构件 3 处
	硬度（布材）	>70 度	测量	—

5.9.6　安全文明施工要求

1. 作业期间，派专人对平台上的人员、材料、机械分布情况进行检查，避免平台超荷、偏载发生倒塌。

2. 作业平台容易被车辆、船只碰撞造成损坏甚至坍塌。施工期间桥底继续通车通航的桥梁，应在车道、航道做好清晰的交通引导和设置警示、限高标志，并且安排专人进行瞭望，尽量避免碰撞事故的发生。

3. 所有平台上的人员必须扣上安全索、戴硬质安全帽；搭设在水上的作业平台还要配备救生圈、工人要穿救生衣。

4. 粘结胶、底胶等滴落，容易对施工人员眼睛、皮肤造成伤害。涂胶、粘贴作业时现场所有人员必须戴护目镜、手套和长袖衣。

5. 一般建议使用压缩空气吹净，因为丙酮等化学试剂易燃，并且大量吸入对人体有害。如果使用丙酮对裂缝或混凝土表面来清洗，现场必须做好防火措施，配备灭火筒等消防器材，满足消防相关要求。施工现场要做好通风措施，现场人员宜佩戴防毒呼吸器具。

6. 使用钢丝刷、砂轮机等进行打磨以及粘贴碳纤维布时，工人必须佩戴防尘口罩，现场做好通风。

7. 碳纤维材料为导电、易燃材料，施工碳纤维时远离电器设备、电源和火源，并采取可靠的防护措施，施工现场必须配备足够的灭火器材。

8. 碳纤维布粘贴施工配套的各种胶体原料应密封储存，远离火源，避免阳光直接照射。胶体的配制和使用场所，应保持通风良好。

5.10 桥梁加固钢板粘贴施工

为了规范桥梁工程钢板粘贴施工作业，特制定本施工工法，适用于桥梁钢筋混凝土构件粘贴钢板加固施工（图 5-19）。

图 5-19 粘贴钢板施工

5.10.1 引用标准

1. 《公路桥梁加固施工技术规范》JTG/T J23
2. 《公路桥梁加固设计规范》JTG/T J22

5.10.2 一般规定

1. 钢板粘贴施工用胶除满足《公路桥梁加固设计规范》JTG/T J22 要求外，尚应符合下列要求：

（1）胶体黏度小，渗透性、可灌性好；

（2）胶体或浆液固化后收缩性小；

（3）胶体固化后不遗留有害化学物质；

（4）固化时间可调节；灌浆工艺简便。

2. 施工前，应查阅相关设计图纸、技术资料，进行图纸会审；对钢板粘贴施工各项工序、关键技术和注意事项等对施工作业人员进行技术、安全交底。

5.10.3　施工流程图

桥梁工程钢板粘贴施工流程（图 5-19）。

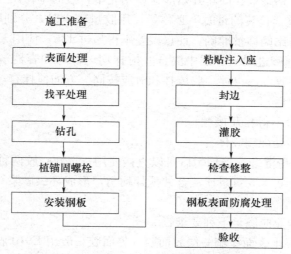

图 5-19　桥梁工程钢板粘贴施工流程图

5.10.4　实施阶段

1. 施工准备

（1）钢板粘贴加固作业，必须按相关要求做好安全围蔽警示，防止社会车辆、船只撞进施工区域。

（2）根据工程实际需要搭设作业平台。作业平台搭设必须制定专项方案，并对其进行相关的验算。

（3）对施工位置进行现场勘查，了解清楚梁体、承台或墩台等加固构件钢板粘贴位置的实际情况。

（4）依据设计图的要求并结合现场测量，在粘贴钢板加固区表面进行放线，可采用弹墨线的办法进行放线。

2. 表面处理

（1）使用钢丝刷、砂轮机对粘钢区域表面进行打磨，磨去 2～3mm 的表层，清除表面浮浆，剔除表层疏松物，露出坚实的混凝土，形成平整的粗糙表面。

（2）用空气压缩机吹净表面粉尘。

（3）打磨清理后，应对混凝土构件钢板粘贴范围的裂缝或破损位置进行修复。

3. 找平处理

（1）拉线检查。对钢板粘贴范围进行拉线检查，将局部凸起位置打磨平整，将凹陷位置补平。每次拉线检查的长度与粘贴所用的钢板片材长度一致。

（2）配制找平材料。根据设计要求的各项技术指标选择并配制找平材料。找平材料配制应满足下列要求：

a. 一般使用 101 号胶或 E2500 环氧砂浆等高分子材料进行补平。修补面积较小或修补深度较浅时宜用 101 号胶修补；面积大且较深的凹陷位宜采用 E2500 环氧砂浆进行修补。

b. 101 号胶和 E2500 胶一般为双组份或多组份成套配备。胶体每次拌和量应根据胶体的固化时间而定，拌好的粘结剂在固化开始前应使用完毕，过时不再用。

c. 一次能用完一整套包装的量时不必称量；用胶量较少时，分别取出两种或多种组份，并按材料配比说明书的比例称量准确，计量误差不得超过 1％，使用天平或台秤进行称量。

d. 拆开包装后全部倒进同一容器中混合并搅拌均匀，拌和容器清洁，不能有灰尘、水分和油渍，也不得将剩胶混入再拌。胶体拌和时应按同一方向搅拌直至肉眼观察无丝状、无色差呈现均匀一致的颜色。

e. 余留的胶体组份不得相互接触。

f. 严禁在灰尘较多处配制胶体。

g. 101 号胶两种组份混合搅拌均匀后可以直接使用；E2500 胶两种组份混合搅拌均匀后与石英砂、复粉按 2 ： 6 ： 5 重量比混合并搅拌均匀，形成环氧砂浆对混凝土表面凹陷位置进行修补。

（3）找平。找平作业应满足下列要求：

a. 在凹陷位置混凝土表面涂刷一层界面胶（界面胶一般用 E810 胶，使用 101 号胶修补时不需涂刷界面胶），界面胶也是高分子材料一般为双组份成套配备。

b. 在界面胶指触干燥后，使用灰刀将修补材料刮压入凹陷位置直至将其填平（凹陷位置较深时应分多次进行），并将其表面刮平整，不出现毛刺。

c. 待材料固化后用钢丝刷、砂轮机等将修补部分打磨平整。

4. 钻孔

（1）根据设计的要求，在待加固混凝土板定出锚固螺栓位置，并作标记。

（2）螺栓定位时应用钢筋混凝土保护层测试仪查明钢筋布置，若螺栓孔位上有钢筋，应适当调整螺栓位置，避免在钻孔过程中造成钢筋损伤。

（3）用冲击钻钻出螺栓锚固孔，钻孔直径应比锚固螺栓的直径稍大，钻孔深度不小于螺栓直径的 10 倍。

（4）孔位距钢板边的距离应控制在 50～100mm 之间。

（5）钻孔完成后用高压空气吹孔，清除孔内灰尘。

5. 植锚固螺栓

（1）配制植筋胶。根据设计要求的各项技术指标选择并配制植筋胶。

（2）植筋作业应满足下列要求：

a. 将植筋胶均匀抹于高强螺栓植入孔中部分，抹胶长度不宜小于植入深度 80％。

b. 植入前先向钻孔内填入部分（约为孔深 1/3）植筋胶，然后将高强螺栓涂抹了植筋胶的一端旋入孔内。

c. 旋入锚固螺栓时，其旋入方向应与螺栓螺纹线相反，并上下拉动螺栓，使孔内植筋胶饱满，待完全固化才可进入下一工序。

6. 安装钢板

（1）根据设计要求将钢板加工成要求的规格，钢板的粘贴面用磨光砂轮机或钢丝刷磨机进行除锈和粗糙处理，打磨粗糙度越大越好，打磨纹路应与钢板受力方向垂直，最后将钢板粘贴面擦拭干净。

（2）根据加固构件上的钻孔位置，在钢板相应位置上用气割机或钻机开孔。

（3）用钻机在钢板上钻出灌浆孔，灌浆孔距钢边的距离应控制在 50～100mm，灌浆空孔之间的距离约为 500mm。

（4）使用压缩空气吹净或用丙酮等化学试剂清洗等方法，对混凝土构件粘贴面的灰尘进行清理。

（5）在钢板与加固构件表面间隙过小时（小于粘钢胶体设计厚度要求），使用厚度为 1mm 钢垫片穿入螺栓，调整钢板与加固构件表面距离，以控制胶体厚度满足设计要求（一般为 2～4mm）。

（6）将预制好的钢板对孔穿入锚固好的高强螺栓，拧紧螺帽固定钢板。

（7）钢板安装完成后，再次用压缩空气吹除钢板与混凝土面间的灰尘。

7. 安装注入座

（1）根据设计要求的各项技术指标选择并配制粘结胶，配制方法和注意事项参照前述。

（2）用抹刀取少许胶，刮在注入座底面的四边，每边宽 8mm、厚度为不小于 5mm。

（3）将注入孔对正钢板预留灌浆孔中心，稍加力按压。一手按住注入座的顶端，防止其移位，另一只手用抹刀取胶将底板的各边包覆，采用粘结胶将注入座粘在钢板上预留的孔洞位置；用粘结胶对注入座的周边进行密封。

（4）粘贴过程中注意注入孔不要被胶堵塞，粘好后不要再移动注入座。

8. 封边

（1）根据设计要求的各项技术指标选择并配制封边胶。封边胶一般使用 101 号胶。

（2）在钢板四边留出排气孔，孔间距不大于 500mm，并保证钢板四角留有排气孔，插入软管作排气管，软管一般插入钢板内约 5～10mm。

（3）用灰刀将封边胶刮涂在钢板周边进行密封，封边胶体一般刮涂成与粘贴面及钢板边成 45°角。

（4）用灰刀将封边胶刮涂在锚固螺栓、注入座、排气管周边进行密封，不允许出现间隙，防止灌胶过程胶体从间隙漏出。

（5）使用砂轮机或其他机械切割设备将螺栓凸出钢板外的部分割除，只保留约 10～20mm，禁止使用乙炔气割或电弧焊割等加热切割的方法，以防止高温破坏螺栓植筋胶；防止螺栓和钢板受热变形。

（6）使用大小与螺栓匹配的金属帽盖住螺栓凸出部分。将封边胶装进金属帽约 1/2 深度，再将金属帽套进螺栓并与钢板外表面粘贴在一起，金属帽直径比螺栓稍大。

（7）待封边胶固化后，必须进行通气试漏，检查合格后才可进行灌浆施工。

9. 注胶

（1）根据设计要求的各项技术指标选择并配制灌注胶。

（2）将配制好的灌注胶倒入与空气压缩机连接的压力罐内，使用胶软管将钢板注入孔与压力罐出胶口相连接。

（3）灌胶前要求进行试压并选择合适的灌胶压力，通常可采用 0.1～0.4MPa 的压力将灌注胶从灌胶嘴压入钢板与混凝土板之间的空隙中。

（4）对水平方向的钢板，灌胶应从钢板的其中一端向另一端进行；对竖向、斜向分布钢板灌浆时，为保证注浆饱满，应采取从下至上的顺序，从最低点开始灌胶。

（5）灌注工作应持续到所有排气管均有胶液流出。当排气孔出现胶液后，再以较低压力维持 10min 以上方可停止灌胶，并进行堵孔。

（6）在灌注过程中，用小铁锤轻敲钢板通过响声判断灌胶是否密实。

10. 检查、修整

（1）钢板的有效粘结面积应不小于 95%，可采用以下三种方法检查钢板的粘贴情况：敲击检测法、超声波检测法、红外线检测法。现场施工检查一般采用敲击检测法，但应注意灌胶后，在胶固化前不应对钢板进行锤击、移动。

（2）待钢板灌注胶固化后，用小铁锤轻轻敲击钢板，从声响判断粘贴固化效果，灌胶到位粘贴紧密的地方敲击声音较沉实。相反，敲击声响较大且空虚。

（3）对小范围灌胶不到位出现空洞的地方，可以在靠近空洞边缘的两端钻两个孔，其中一个孔作为排气孔，另一孔作为注入孔粘贴上注入座，对空洞位置重新进行灌胶。

（4）待灌胶完全固化后，去除所有注入座和排气管，清洁钢板表面。

11. 钢板表面防腐处理

粘贴好的钢板涂刷防锈底漆和面漆进行防腐处理。

5.10.5 验收

钢板粘贴施工质量检验及验收应满足表 5-10 要求。

表 5-10 钢板粘贴质量检验要求

检验项目	合格标准	检验方法	频数
锚栓植入深度	钻孔深度±5mm	钢尺测量	全部
有效粘结面积	≥95%	1. 敲击 2. 超声波检测 3. 红外线检测	全部

5.10.6 安全文明施工要求

1. 作业期间，派专人对平台上的人员、材料、机械分布情况进行检查，避免平台超荷、偏载发生倒塌。

2. 作业平台容易被车辆、船只碰撞造成损坏甚至坍塌。施工期间桥底继续通车通航的桥梁，应在车道、航道做好清晰的交通引导和设置警示、限高标志，并且安排专人进行瞭望，尽量避免碰撞事故的发生。

3. 所有平台上的人员必须扣上安全索、戴硬质安全帽；搭设在水上的作业平台还要配备救生圈、工人要穿救生衣。

4. 灌注胶滴落，容易对施工人员眼睛、皮肤造成伤害。灌胶作业时现场所有人员必须戴护目镜、手套和长袖衣。

5. 用空气压缩机将灌注浆液压入钢板与混凝土间空隙时，注意控制好压力，防止压力过大灌注胶将封边胶撑爆，浆液飞溅入眼睛等身体部位。

6. 一般建议使用压缩空气吹净，因为丙酮等化学试剂易燃，并且大量吸入对人体有害。如果使用丙酮对裂缝或混凝土表面来清洗，现场必须做好防火措施，配备灭火筒等消防器材，满足消防相关要求。施工现场要做好通风措施，现场人员宜佩戴防毒呼吸器具。

7. 使用钢丝刷、砂轮机等进行打磨时，工人必须佩戴防尘口罩，现场做好通风措施。

8. 施工用的各种胶体原料应密封储存，远离火源，避免阳光直接照射。胶体的配制和使用场所，应保持通风良好。

参考文献

[1] CJJ 36—2006，城镇道路养护技术规范［S］．北京：中国建筑工业出版社，2006．

[2] 郭忠印．沥青路面施工与养护技术［M］．北京：人民交通出版社，2003．

[3] 傅智，金志强．水泥混凝土路面施工与养护技术［M］．北京：人民交通出版社，2003．

[4] 邓学钧．路基路面工程［M］．北京：人民交通出版社，2000．

[5] 北京市市政工程局．市政工程施工手册［M］．北京：中国建筑工业出版社，1995．

[6] CJJ 6—2009，城镇排水管道维护安全技术规程［S］．北京：中国建筑工业出版社，2010．

[7] GB 50788—2012，城镇给水排水技术规范［S］．北京：中国建筑工业出版社，2012．

[8] CJJ 68—2007，城镇排水管渠与泵站维护技术规程［S］．北京：中国建筑工业出版社，2007．

[9] 胡文翔．城市污水处理设施监测监控的实践与探索［M］．北京：中国环境科学出版社，2004．

[10] 建设部人事教育司．下水道养护工［M］．北京：中国建筑工业出版社，2005．

[11] CJJ 99—2003，城市桥梁养护技术规范［S］．北京：中国建筑工业出版社，2003．

[12] 武春山，张德成，刘治新，胡振虎．桥梁养护与加固技术［M］．北京：人民交通出版社，2010．